U0953854

普通高等院校材料工程专业“十四五”规划教材

材料分析与测试技术

李宝让　杜兆富　主编

中国建材工业出版社
北　京

图书在版编目（CIP）数据

材料分析与测试技术/李宝让，杜兆富主编．--北京：中国建材工业出版社，2025.7

ISBN 978-7-5160-3461-3

Ⅰ.①材… Ⅱ.①李… ②杜… Ⅲ.①材料科学—实验—高等学校—教学参考资料 Ⅳ.①TB3-33

中国版本图书馆 CIP 数据核字（2021）第 276699 号

材料分析与测试技术

CAILIAO FENXI YU CESHI JISHU

李宝让 杜兆富 主编

出版发行：中国建材工业出版社

地　　址：北京市西城区白纸坊东街 2 号院 6 号楼

邮　　编：100054

经　　销：全国各地新华书店

印　　刷：北京印刷集团有限责任公司

开　　本：787mm×1092mm 1/16

印　　张：11.25

字　　数：270 千字

版　　次：2025 年 7 月第 1 版

印　　次：2025 年 7 月第 1 次

定　　价：49.00 元

本社网址：www.jskjcbs.com，微信公众号：zgjskjcbs

前　言

随着科学技术的发展，作为 21 世纪三大科技支柱之一，材料科技在各个领域的作用越来越重要。

材料科学主要研究材料成分与微观结构、合成与生产制备、性能及服役寿命等因素之间的关联和控制技术。其中，材料微观组织、结构和成分的观察与分析是通过材料分析和测试技术来实现的。利用材料分析和测试技术揭示材料微观组织结构与宏观性能之间的关系是材料科学的重要分支。随着科学技术的快速发展，充分掌握现有材料分析检测技术，并不断开拓新型材料分析检测技术以及提高现有材料分析检测技术精度已经成为时代要求。

目前，用于材料表征的分析技术已达上千种，广泛应用于合金、半导体、聚合物及陶瓷等各个领域。鉴于教材编撰的内容和篇幅要求，本书仅针对常用的材料分析及其测试技术做了编撰。全书共九章，主要内容包括：X 射线衍射分析、透射电子显微分析、扫描电子显微镜和电子探针分析、原子和分子光谱分析以及热分析技术等。全书编撰的思想是简化相关测试技术的原理，侧重检测技术的实验使用技能培养。为进一步增强实用性，每个章节基础理论介绍后，列举了相应的仪器使用及其应用相关的典型实验，同时结合《材料科学基础》教学，每章节也配备了实验方面的设计和问答习题，这有利于培养学生独立设计实验和实践分析能力。

本书既是《材料科学基础》教学的配套教材，也是尝试探索实践教学类教材科学的编写方式和方法。通过理论教学，开拓实践学习思路，提高从事材料研究所必需的实际技能，以达到全面优化和改善教学质量的目的。

本书由华北电力大学李宝让、北京无线电测量研究所杜兆富博士主编，编撰过程中参考了大量的文献资料，限于参考文献篇幅，未能将其一一列出。此外，在手稿整理过程中，刘钰、陈豪志、孙伟、张伟、文博和孟潇等协助编者针对手稿进行了校稿和核对，在此一并表示衷心感谢。

最后，编者特别感谢柳长安博士、杨凯先生对本书的编写和出版所付出的心血。也感谢华北电力大学全体教务部门对本书编写和出版所给予的大力支持和帮助。

编者

于北京，2025 年 3 月

目　录

第 1 章　实验测量误差与误差处理

1.1　测　量

采用一定的测量工具或仪器，通过一定的方法，直接或间接地得到被测物体的某些需要的量值，这些活动称之为测量。依照测量方法的不同，可将测量法分为两大类。

1. 直接测量

采用预先标定好的仪器、量具等，将其直接与待测物体进行比较，然后从仪器或量具上，直接读出被测量物体的相关量值大小，这类测量称之为直接测量。例如，在日常生活中，人们要知道某一物体的长度，就可以借用长度测量工具，如米尺、卡尺、千分尺、激光干涉测长仪等，直接对物体测量。

2. 间接测量

间接测量通常包含两步，首先需由直接测量获得数据，然后利用已知的函数关系经过运算，通过这两步之后才能得到被测物体的相关量值，这类测量方式称为间接测量。例如，如果要求出一个圆柱体的密度，首先开展直接测量，利用长度测量工具测量物体的高度 H 和直径 D，借用天平称量物体的质量 m，然后根据公式（1-1）进行计算

$$\rho = \frac{m}{v} = \frac{4m}{\pi D^2 H} \tag{1-1}$$

可间接得到所需要的量值 ρ 。

1.2　误　差

测量存在误差。误差是指被测物体的某个量值往往具有客观存在的理论真值，该值不可知，在实际测量中，无法获得，但又存在，因此，会导致客观存在的理论真值和实际测量的数据不统一。测量的误差等于测量获得的结果减去被测量的真值，即

测量误差＝测量值－真值

进一步采用公式表示

$$\Delta N = N_{测} - N_{真} \tag{1-2}$$

式中，ΔN 代表误差；$N_{测}$ 代表实际测量数值；$N_{真}$ 代表客观真实的数值。所以，误差反映的实质是测量值偏离真实值的大小和方向。

测量误差是无法根除的，即使是针对同一个物理量，同一个人使用同一台仪器，在相同条件下进行多次测量，各次测量结果一般也不完全相同，更不等于被测量的 $N_{真}$ 。

1.2.1 真值的近似计算

实际测量过程中，由于真值无法获得，通常采用相对真值和平均值来代替。所谓的相对真值是指在无系统误差的情况下，尽可能多地开展测量活动，获得足够多的近似于真值的数值，然后根据数学方法计算其平均值。其主要原理是在实验中，如果测量的次数为无限多时，则依据误差分布定律，正负误差出现的概率相等，在这种情况下，如果将各个测量值相加，并加以平均，获得的数值理论上即为真值。

常用的平均值计算方法有算术平均值、均方根平均值、几何平均值。相关计算方法如下：设测量值为 x_1，x_2，x_3，…，x_n，n 表示测量次数，则算术平均值为

$$\bar{x}=\frac{x_1+x_2+\cdots+x_n}{n}=\frac{\sum_{i=1}^{n}x_i}{n} \tag{1-3}$$

均方根平均值为

$$\bar{x}_{\mathrm{r}}=\sqrt{\frac{x_1^2+x_2^2+\cdots+x_n^2}{n}}=\sqrt{\frac{\sum_{i=1}^{n}x_i^2}{n}} \tag{1-4}$$

几何平均值可以按照下式计算

$$\bar{x}_{\mathrm{m}}=\sqrt[n]{x_1\ x_2\ x_3\cdots\ x_n} \tag{1-5}$$

一般情况下，由于数据多呈正态分布类型。所以，本书所用的平均值将以算术平均值为主。

采用平均值代替真值，这种真值近似计算的缺点是平时观测的次数一般是有限的，从理论上讲，采用有限观测次数求出的平均值，只能是近似真值。所以，有些场合常使用更高精度级标准仪器，并使用所测的值来代替真值，只能称之为相对真值。

1.2.2 常见的误差计算

1. 绝对误差

一个物理量经测定后，测量结果（x）与该物理量真值（μ）之间的差异，称为绝对误差，简称误差。即绝对误差＝测量值－真值，即

$$\sigma=x-\mu$$

工程上真值可用算术平均值或相对真值（精确测量值）代替，这时绝对误差可用下式计算

绝对误差＝测量值－算术平均值

绝对误差＝测量值－精确测量值

2. 相对误差

衡量不同测量值的精确程度，给出相对误差。所谓的相对误差，可以通过如下公式进行定义

相对误差＝绝对误差/真值

上式中的真值可以采用精确测量数值或者仪表测量示值代替真值进行计算。一般来说，除了某些理论分析外，用示值相对误差较为适宜。

3. 引用误差

为了方便计算和划分仪器准确度等级，规定取该仪表量程中的最大刻度值（满刻度值）作为分母，来表示引用误差

引用误差＝示值误差/满刻度值

式中示值误差为仪表某指示值与其真值（或相对真值）之差。仪表精度等级（最大引用误差 S）为

S＝最大示值误差/最大刻度值

测量仪表的精度等级是国家统一规定的，按引用误差的大小分成几个等级，把引用误差的百分数去掉，剩下的数值就称为仪表的精度等级。

1.2.3 误差的分类和来源

1. 系统误差

系统误差是指在一定条件下，对同一量进行多次测量时，获得的误差的数值基本保持恒定，或按某种已知函数规律变化。系统误差是测量误差的重要组成部分，描述系统误差大小的概念是准确度。系统误差越小，准确度越高；系统误差越大，准确度越低。消除和估计系统误差对于提高测量准确度十分重要。一般系统误差是有规律的，其产生的原因也往往是可知或能掌握的。因此应尽力消除，至于不能消除的系统误差，应设法确定或估计出来。

2. 偶然误差

偶然误差又称随机误差，它的产生取决于测量过程中的系列随机性因素的影响。所以随机误差在一定程度上，表现了测量结果的分散性，在一定条件下，服从统计规律。在误差理论中，常用精密度一词来表征随机误差的大小。随机误差越大，精密度越低；随机误差越小，精密度越高。为了使测量结果仅反映随机误差的影响，测量过程中应尽可能保持各影响量以及测量仪器、方法、人员不变，即保持“等精度测量”的条件。

如前所述，系统误差和随机误差综合大小的影响可以采用准确度反映。正确度可以反映系统误差大小的程度，即测量值的离散程度随机误差可以采用精密度综合反映，即可以通过在同一测量条件下对被测量物体进行多次测量，获得测量结果数据的重复性程度反映随机误差的大小；对于具体实验来说，精密度高的正确度不一定高，同样正确度高的精密度也不一定高。但准确度高，则精密度和正确度都高。如图1-1所示，（a）为数据分散大，偏离核心数据远，所以正确度高而精密度低，也就是系统误差小而随机误差比较大；（b）和（a）相比较，偏离核心数据远，但是数据分散小，说明系统误差比较大而随机误差比较小；（c）偏离核心数据和数据分散均很小，说明系统误差与随机误差都比较小，即准确度高。

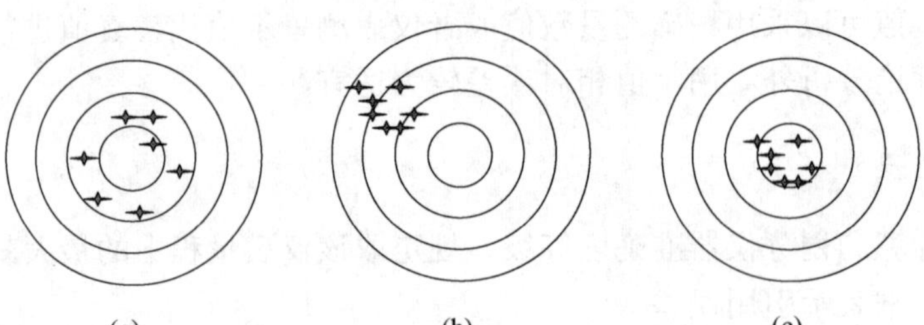

图 1-1　系统与随机误差示意图

3. 过失误差或粗差

过失误差是指在测量过程中，由于不当测量过失导致的误差。如测错、读错、记错等都会带来粗差。此类误差产生的原因主要是测量人员粗枝大叶、过度疲劳或操作不正确。含有粗差的测量值称为坏值，正确的实验结果不应包含粗差，即所有的坏值都必须严格剔除。

1.3　随机误差的概率分布密度定律

1.3.1　高斯误差方程

大量实践证明，绝大多数的随机误差都服从正态分布规律，即可以用高斯误差方程来描述。下文介绍高斯误差方程。如图 1-2 所示的分布曲线称为正态分布曲线，横轴为随机误差，纵轴为相应测量误差出现的概率。可以看出，正态分布曲线具有下列特点：

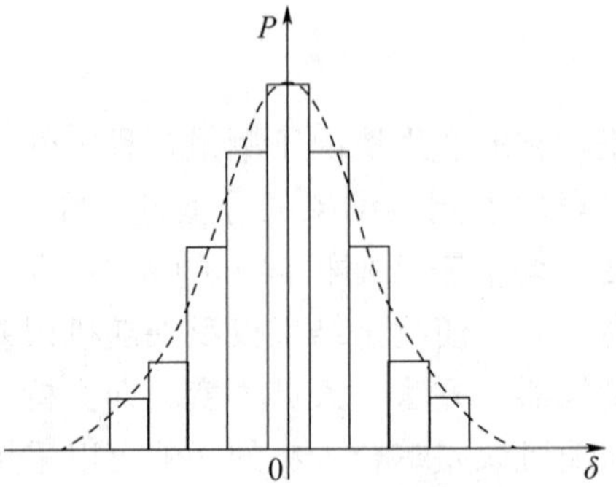

图 1-2　误差分布曲线

（1）单峰性：绝对值小的误差出现的概率比绝对值大的误差出现的概率大。

（2）对称性：当测量次数足够多时，误差的符号相反、绝对值相等的示值出现次数大致相等。

（3）有界性：在一定测量条件下，误差的绝对值实际上不超过一定界限。

（4）抵偿性：找同条件下对同一量测量，各误差的算术平均值随测量次数增加而趋于零，即

$$\lim_{n\to\infty}\frac{1}{n}\sum_{i=1}^{\infty}\delta_i=0 \tag{1-6}$$

设在等精度条件下，对被测量进行 n 次测量，得测量值为 x_1，x_2，…，x_i，…，x_n，相应的各次误差为 δ_1，δ_2，…，δ_i，…，δ_n，测得结果的算术平均值用下式表示

$$\bar{x}=\frac{1}{n}\sum_{i=1}^{n}x_i \tag{1-7}$$

测量结果的随机误差的方差用下式表示

$$\sigma^2=\frac{1}{n}\sum_{i=1}^{n}{\sigma_i}^2 \tag{1-8}$$

方差的算术平方根称为均方根偏差（标准误差），即

$$\sigma=\sqrt{\frac{1}{n}\sum_{i=1}^{n}{\sigma_i}^2} \tag{1-9}$$

落在 δ 和 $\delta+\mathrm{d}\delta$ 之间的随机误差的概率用下式表示：

$$P(\delta)=F(\delta)\mathrm{d}(\delta)$$

式中的 $F(\delta)$ 是随机误差分布规律的数学模型，由高斯首先导出，称为高斯误差方程。高斯误差方程在概率理论中称为正态分布密度函数或高斯概率密度函数。可用下式表示

$$F(\delta)=\frac{1}{\sigma\sqrt{2\pi}}\mathrm{e}^{-\frac{\delta^2}{2\sigma^2}} \tag{1-10}$$

或

$$F(\delta)=\frac{h}{\sqrt{\pi}}\mathrm{e}^{-h^2\delta^2} \tag{1-11}$$

h 称为精密度或精密度指数。很容易知道，h 与均方根偏差 σ 之间关系如下

$$h=\frac{1}{\sigma\sqrt{2}} \tag{1-12}$$

精密度指数 h 可以反映偶然误差的大小。很显然，当 σ 越小或 h 越大时，曲线越尖锐，说明随机误差的离散性越小，即小误差出现的机会越多，而大误差出现的机会越少，这意味着测的精密度越高。反之 σ 越大或 h 越小时，曲线变得越平坦，即测量的精密度越低。因而 σ 和 h 可用来判断精密度的高低。精密度高，其标准误差就小；反之，精密度低，其标准误差就大。

1.3.2　各种随机误差的计算

1. 标准误差（均方根偏差）

σ 可直接从测量数据中算出，故常用它来代替 h 表示测量的精度。标准误差可以采用下式表示

$$\sigma=\sqrt{\frac{\sum_{i=1}^{n}\sigma_i^2}{n}} \tag{1-13}$$

由该式可知，σ 反映了分布曲线的高低宽窄。σ 值越小，数据的精密度越高，离散性越

小，故它是精密度的标志，是用得最多的偶然误差。

2. 极限误差

极限误差（通常采用Δ表示）通常指测量过程中获得的各个误差实际不应超过的界限，对于服从正态分布的测量误差一般取C倍标准误差作为极限误差

$$\Delta = C\sigma \tag{1-14}$$

式中，Δ在无系统误差的情况下也称为随机不确定度（置信度）；C称为置信系统，定义为不确定度（置信度）与其标准差的比值。C通常取3，在要求不高时也可取2。

对服从正态分布的误差，其误差界于［$-\sigma$，$+\sigma$］间的概率为0.6827；而误差界于［-2σ，$+2\sigma$］、［-3σ，$+3\sigma$］间的概率分别为0.9545、0.9973。由于误差超过［-3σ，$+3\sigma$］的概率为（1－0.9973）×100％＝0.27％，这是一个很小的概率，超过$\pm 3\sigma$的误差，一定不属于偶然误差，而为系统误差或过失误差，所以误差超过［-3σ，$+3\sigma$］实际上是不可能的。在测量一个真值时，只要通过多次测量σ及Δ，那么其值出现在$\pm 3\sigma$范围内的概率就很大（99.73％），从而就得到了真值的可靠范围。

1.4　有限次数的标准误差

在测量值中已消除系统误差的情况下，测量次数无限增多，所得的平均值为真值。当测量次数有限时，所得的平均值为最佳值，它不等于真值。因此，测量值与真值之差和测量值与平均值之差（残差）不等。在实际工作中，测量次数总是有限的，所以有必要找出用残差来表示的误差公式。

用残差表示的标准误差$\hat{\sigma}$为

$$\hat{\sigma} = \sqrt{\frac{\sum_{i=1}^{n} v_i^2}{n-1}} \tag{1-15}$$

式中，v_i为测量值x_i和平均值的差，即$v_i = x_i - \bar{x}$，n为测量次数。这里将有限测量次数的标准误差用$\hat{\sigma}$表示，以区别$n \to \infty$时的标准误差σ，但在使用时，一般不加区别，均写为σ。

1.5　可疑观测值的舍弃

在一组实验中，通常很容易发现某一观测值与其余观测值相差很远。如果保留这一观测值，则对平均值及偶然误差都会造成很大的影响。但是随意舍弃这一“坏值”，以获得实验结果的一致性，显然是不对的。只有经仔细分析能充分证明实验中产生过失，如读取刻度尺有误差、称量样品中砝码加减错误等，才能舍掉某一坏值；如果没有充分理由，则只能根据误差理论决定数值的取舍。

1. 3σ准则（又称拉依达准则或Pauta准则）

目前决定取舍数据的方法为统计判别法。其基本思想为给定一个置信概率（如

0.99)，并确定一个置信限，凡超过这个限的误差，就认定它不属于随机误差范围，而是粗差，可予剔除。

假设一组等精度测量结果中某次测量值 x_d 的残余误差 v_d（$1 \leqslant d \leqslant N$）满足下式

$$|v_d| > 3\sigma \tag{1-16}$$

则认为 v_d 为粗差，x_d 是含有粗差的坏值，因而应剔除。显然，拉依达准则是以正态分布和 $P=0.9973$ 为前提的。

2. 格拉布斯准则（Grubbs 准则）

格拉布斯准则判别方法如下：先将呈正态分布的等精度多次测量的样本按从小到大排列，统计临界系数 G（a，n）的值为 G_0，然后按照下式分别计算出 G_1、G_n。

$$G_1 = (X - X_1)/\sigma$$

$$G_n = (X_n - X)/\sigma \tag{1-17}$$

若 $G_1 \geqslant G_n$ 且 $G_1 > G_0$，则 X_1 应予以剔除；若 $G_n \geqslant G_1$ 且 $G_n > G_0$，则 X_n 应予以剔除；若 $G_1 < G_0$ 且 $G_n < G_0$，则不存在“坏值”。然后用剩下的测量值重新计算平均值和标准偏差，还有 G_1、G_n 和 G_0，重复上述步骤继续进行判断，依此类推。格拉布斯准则适用于测量次数较少的情况，如测量次数 $n<100$，通常取置信概率为 95%，对样本中仅混入一个异常值的情况判别效率最高。

3. 肖维勒准则（Chauve-net 准则）

在统计理论中，肖维勒准则是评估一组实验数据（一组异常值）是否可能是虚假的一种手段。肖维勒准则的原理是找到一个以正态分布的均值为中心的概率带，它应该合理地包含数据集的所有 n 个样本。来自位于该概率带之外的 n 个样本的任何数据点可以被认为是异常值，从数据集中移除，并且可以计算基于剩余值和新样本大小的新的均值和标准偏差。

在 n 次测量中，取不可能发生的个数为 0.5，那么对正态分布而言，误差不可能出现的概率为：

$$1 - \frac{1}{\sqrt{2\pi}}\int_{-\omega_n}^{\omega_n} \exp\left(\frac{x^2}{2}\right)\mathrm{d}x = \frac{1}{2n} \tag{1-18}$$

利用标准正态函数表，根据等式右端的已知数值 n 可以查表求出肖维勒系数 ω_n，对于数据点 x_d，如果其残差 V_d 满足 $|V_d| > \omega_n\sigma$，其中 σ 为样本标准差，则剔除；否则 x_d 应该保留。

1.6　有效数字及其运算规则

1.6.1　有效数字

在实验中，经常遇到两类数字：一类是没有单位的数字，如 π、e 等，还有一些经验公式中的常数值、指数值等，其有效数字的位数可多可少，常按实际需要选取；另一类是有单位的数字，用来表示测量结果，如温度、压力、流量等，这一类数据的特点是除了具有特定的单位外，其最后一位数字往往是由仪表的精确度所决定的估计数字，不同人、不同情况下可以获得不同结果。例如，用精确度为 1/10℃的温度计测量温度，某个人读得的温度为 22.47℃，另一个人可能读得 22.46℃。由此可见，这类数的“有效数字”中含有一位估计数字。通常测量时一般均可估计到仪表最小刻度后一位，按此记下的都是有效数字。

测量的精确度是通过有效数字的位数来表示的。有效数字的位数应是除定位用“0”（用来指示小数点位置或定位用的零并不是有效数字）以外的余数位都是有效数字。例如，3.1416 的有效数字有五位，2.41400 有六位，而 0.08206 则只有四位有效数字，30.00 也是四位有效数字。对于“0”必须特别小心，50g 不一定是 50.00g。在科学与工程中为了清楚地表示数值的精度与准确度，可将有效数字写出，并在第一个有效数字后面加上小数点，而数值的数量级用 10 的整数幂来确定。这种用 10 的整数幂来记数的方法称为科学记数法。如 981000 中，若有效数字为四位就写成 9.810×10^5；若只有两位有效数字，就写成 9.8×10^5。

1.6.2 有效数字的运算规则

有效数字在运算过程中要遵守如下规则：

（1）在加减运算中，各数所保留的小数点后的位数，与各数中小数点后的位数最少的相致。例如将 13.65、0.0082、1.632 三数相加后，应写成 $13.65+0.01+1.63=15.29$。

（2）在乘除运算中，各数所保留的位数，以原来各数中有效数字位数最少的那个数为准所得结果的有效数字位数，亦应与原来各数中有效数字位数最少的那个数相同。例如将 0.0121、25.64、1.05782 三数相乘后，应写成 $0.0121\times25.6\times1.06=0.328$。虽然这三个数的乘积为 0.3283456。但只应取其积为 0.328。

（3）在对数计算中，所取对数位数与真数有效数字位数相同。

（4）确定有效数字位数，舍去其余数字的办法是末位有效数字后边的第一位数字采取四舍五入，如正好等于 5 时，则偶舍奇入，即末位有效数字为奇数，则增加 1，如果为偶数，则舍弃不计。具体操作可以参考如下案例，通过下面的具体操作来理解上述规则。确定有效数字位数，舍去其余数字的案例如下：25.47→25.5；25.44→25.4；25.55→25.6；25.45→25.4。

1.6.3 实验数据的处理

合理的实验设计只是实验成功的充分条件，如果没有实验数据的分析计算，就不能对所研究的问题有一个明确的认识，也不可能从实验数据中寻找到规律性的信息，所以实验设计都是与一定的数据处理方法相对应的。

所谓的实验数据的处理，就是把所测得的一系列实验数据用最适宜的方式表示出来。在具体实验中，实验数据有如下两种处理方式：①列表法，即将实验获得的数据，按照其自变量和因变量的关系，以一定的顺序采用数据表给出的数据处理方式；②图示法，即将实验结果采用图形表示出来的数据处理方式。与列表法比较，图示法简明直观，易于显示出结果的规律性或趋向。作图过程中应遵循一些基本原则，否则得不到预期结果，甚至会导致错误的结论。图示法可以采用直角坐标或者对数坐标。

对于符合方程式 $y=kx+b$ 的数据，在直角坐标纸上画出一条直线，对于符合方程式 $y=ka^x$ 的数据，经两边取对数，在半对数坐标纸上，可对 $\ln y-x$ 画出一条直线；对于符合方程式 $y=ax^m$ 的数据，经两边取对数，可在双对数坐标纸上对 $\ln x-\ln y$ 画出一条直线。当变量多于两个时，如 $y=f(x,z)$，在作图时先固定一个变量，如使 z 固定，求出 $y-x$ 关系，这样可得每个 z 值下的一组图线。

采用对数坐标时，求解斜率的方法，与直角坐标上的求法不同。因为在对数坐标上标注的数值是真值而不是对数值。因此，双对数坐标纸上直线的斜率，需要用对数值来求算，或者直接用尺子在坐标纸上量取线段长度求取，如图 1-3 所示。目前，上述数据处理多采用软件或计算进行处理。

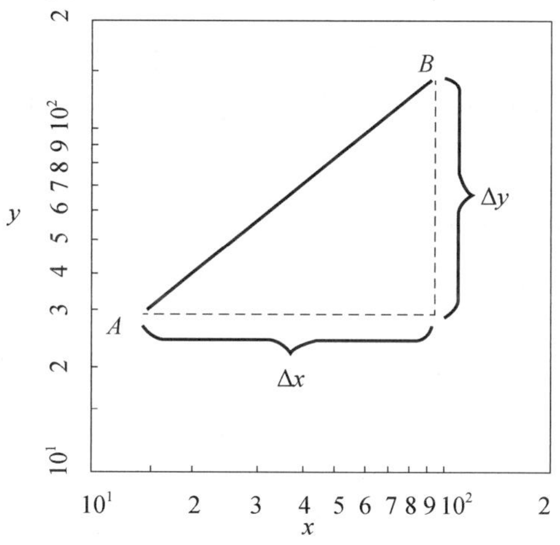

图 1-3　对数标绘图

1.7　实验数据的工程表示法

实验数据的工程表示法主要指为方便工程计算，通常用数学方程或经验公式的形式来表示实验数据或计算结果。在具体实验数据工程处理中，经验公式的构建通常遇到的问题就是如何确定公式中的常数和系数。经验公式中的常数和系数的求法很多，最常用的是图解法和最小二乘法。

1.7.1　用图解法求方程式

如果实验数据可在某种坐标上标绘成一条直线，则可用直线图解法求出其相应的方程式。

当在普通坐标上呈直线关系时，则此直线必须符合 $y=kx+b$ 的函数关系，其斜率为 k，截距为 b。

当在对数坐标上呈直线关系时，则此直线必须符合 $y=ax^m$ 的函数关系，直线的斜

率为 m，用下式求出

$$m=\frac{\Delta y}{\Delta x}=\frac{\ln y_2-\ln y_1}{\ln x_2-\ln x_1}$$

$x=1$ 处的截距为 a 值。

检验所求的方程式（或经验式）拟合实验点的方法是采用偏差之和是否接近于零作为检验经验公式的精确程度的标准。所谓偏差就是对应于实验数据中自变量 $x_i(i=1,2,3,\cdots,n)$，由方程式 $y=kx+b$ 求出相应的 $y'_i(i=1,2,3,\cdots,n)$ 与实测的 y_i 值相减，差值 $y_i-y'_i$ 就称为偏差，用 δ_i 表示，把所有的偏差加起来求和就是偏差之和$\sum\delta_i$，偏差之和接近零，说明所求出的直线拟合实验点比较好。

1.7.2 最小二乘法

图解法连线的原则是利用$\sum\delta_i=0$ 来确定经验公式，这样做的缺点是$\sum\delta_i=0$ 在特殊情况下，并不能保证公式的精确性，如 $\delta_1=2$，$\delta_2=-0.5$，$\delta_3=-1.5$ 时，虽然仍有$\sum\delta_i=\delta_1+\delta_2+\delta_3=0$，但这三个点偏离经验直线（图解出的直线）都较远，这样的直线实际上并不精确，所以常常采用偏差平方和为最小的办法，即 $\sum\limits_{i=1}^{n}\delta_i^2=$最小值，一般称这种拟合曲线的办法为最小二乘法。所以最小二乘法的基本出发点就是在整个实验点中，选取一条直线，使该直线与各点的偏差的平方和为最小。

下面就根据 $\sum\limits_{i=1}^{n}\delta_i^2$ 为最小的要求来确定经验公式 $y=bx+a$ 中的常数 b 和 a。设实验数据为 x_i、$y_i(i=1,2,3,\cdots,n)$，要用 $y=bx+a$ 去拟合它们，此时偏差为

$$\delta_i=y_i-y'_i=y_i-(bx_i+a) \tag{1-19}$$

而偏差平方和为

$$Q=\sum_{i=1}^{n}\delta_i^2=\sum_{i=1}^{n}[y_i-(bx_i+a)]^2 \tag{1-20}$$

上式中的 y_i、x_i 均为已知的实测值，只有 a、b 是需要求出的。为了使 Q 为最小值，则令

$$\frac{\partial Q}{\partial a}=2\sum_{i=1}^{n}[y_i-(bx_i+a)]=0 \tag{1-21}$$

$$\frac{\partial Q}{\partial b}=2\sum_{i=1}^{n}[y_i-(bx_i+a)]x_i=0 \tag{1-22}$$

由式（1-21）得

$$\sum_{i=1}^{n}y_i=b\sum_{i=1}^{n}x_i+an \tag{1-23}$$

由式（1-22）得

$$\sum_{i=1}^{n}x_iy_i=b\sum_{i=1}^{n}x_i^2+a\sum_{i=1}^{n}x_i \tag{1-24}$$

由式（1-23）得

$$a=\frac{\sum\limits_{i=1}^{n}y_i-b\sum\limits_{i=1}^{n}x_i}{n} \tag{1-25}$$

将式（1-25）代入式（1-24）得

$$b=\frac{\sum_{i=1}^{n}x_i y_i-\frac{\sum_{i=1}^{n}x_i\sum_{i=1}^{n}y_i}{n}}{\sum_{i=1}^{n}x_i^2-\frac{\left(\sum_{i=1}^{n}x_i\right)^2}{n}} \tag{1-26}$$

利用式（1-25）、式（1-36）即可求出方程的 a 和 b，即直线的截距和斜率。

1.7.3　数值计算

在数据处理中，经常遇到一些定积分数值计算，一般用图解积分或数值计算方法求得近似值。

1. 辛普森图解积分法

若已知下列积分式

$$I=\int_{x_1}^{x_2}f(x)\mathrm{d}x \tag{1-27}$$

则根据数学表达式的函数关系，可以进行图解积分。最简单的方法是在曲线上下分别形成梯形求面积，但所得结果欠佳，所以工程计算上常用方法为辛普森 1/2 法。辛普森 1/2 法图解积分步骤如下：

（1）按绘出的函数关系，在坐标纸上标绘平滑曲线，如图 1-4 所示。

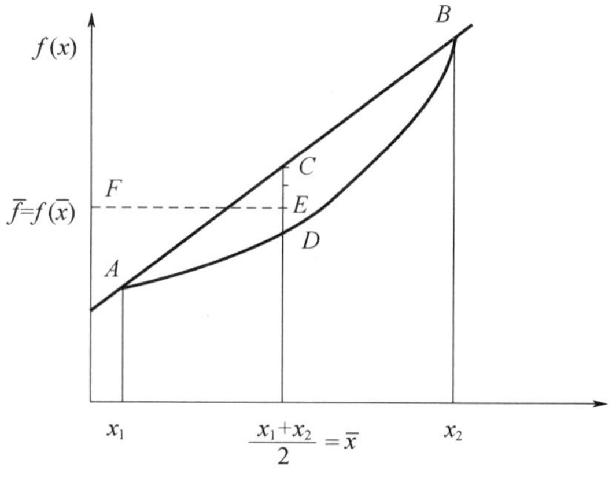

图 1-4　辛普森 1/2 法图

（2）在横坐标上标出积分上下限 x_1 和 x_2，曲线上相应两点 $A[f(x_1),x_1]$、$B[f(x_2),x_2]$，并将 AB 两点连接成直线。

（3）求出积分上下限 x_1 和 x_2 的中间值，$\bar{x}=(x_1+x_2)/2$，由横坐标向上作垂线，分别与曲线和直线 AB 相交于 D、C 两点。

（4）将 CD 线三等分，曲线上 D 点向上 1/3 处为 E 点，由 E 点向 y 轴作水平线，交纵轴于 F 点，该 F 点距离原点为 $\bar{f}$，且 $\bar{f}$ 为 $f(x)$ 在 $x_1\sim x_2$ 区间内的平均值。

(5) 最后求得积分值为

$$I=\int_{x_1}^{x_2} f(x)\mathrm{d}x=(x_2-x_1)\bar{f} \tag{1-28}$$

如果曲线向上弯曲，仍然是在 CD 线上由曲线出发，取 1/2 处为 E 点。

2. 辛普森定积分计算法

设要求的定积分为如下形式

$$I=\int_{0}^{n} f(x)\mathrm{d}x \tag{1-29}$$

现将积分区间（x_0，x_n）分成 n 等分，每等分的距离为 $h=(x_n-x_0)/n$，其中 $x_n>x_0$，n 为偶数，则计算定积分近似值的辛普森公式为

$$I=\frac{h}{3}\{f(x_0)+f(x_n)+4[f(x_1)+f(x_3)+\cdots+f(x_{n-1})]+ 2[f(x_2)+f(x_4)+\cdots+f(x_{n-2})]\} \tag{1-30}$$

显然 n 值越大，结果越精确。n 值取多大为宜，取决于最终结果的允许精确度。因此，用辛普森公式进行计算可以得到较为精确的定积分值。

第 2 章　实验方案设计及实验室规则

科学研究需要通过实验来寻找所研究对象的变化规律，并通过对规律的研究达到各种实用的目的。决定科学实验成功与否有两个重要因素：一是需要科学的实验设计；二是需要合理的数据分析和处理。前者确保用较少的实验次数，在较短的时间内达到预期的实验目标。后者是获得研究对象的变化规律，准确反映科研规律和指导科研的重要依据。

实验设计和数据处理是研究如何合理地安排实验，有效地获得实验数据，然后对实验数据进行综合的科学分析，以求尽快达到优化实验的重要途径。因此，最优实验方案的获得，必须兼顾实验设计和数据处理两方面，两者是相辅相成、互相依赖、缺一不可的。上一章节着重介绍了数据分析和处理，在这一章节中，将讲解一些实验设计的基本内容以及相关概念。

2.1　实验设计及其分类

科学实验的第一步通常始于实验设计。在某种程度上，可以说实验设计是决定科学实验成功与否的关键。所以，实验设计必须科学合理。所谓实验设计就是实验前，预先对可能的实验方法、步骤、流程等进行科学合理的安排，以达到最好的实验效果。实验设计是整个实验过程的依据，也是实验数据处理的前提，它是提高科研成果质量的一个重要保证。

一个科学而完善的实验设计，能够合理地安排各种实验因素，严格地控制实验误差，并且能够有效地分析实验数据，从而最大限度地获得丰富而可靠的实验资料。反之，如果实验设计存在缺点，就必然造成浪费，减损研究结果的价值。在具体展开实验设计讲解之前，首先了解实验设计的分类。

根据不同的实验目的，实验设计可以划分为五种类型，分别为演示实验、验证实验、比较实验、优化实验和探索实验，具体如下：

1. 演示实验

演示是这类实验的核心操作。实验目的是通过演示呈现一种科学现象，一般情况下，演示实验的结果通常是事先预定的，实验过程中只要按照正确的实验条件和实验程序操作就可以了。这类实验的目的通常是为了证明和重复某种客观现象。

2. 验证实验

验证实验是指对研究对象有了一定了解，并形成了一定认识或提出了某种假说，为验证这种认识或假说是否正确而进行的一种实验。所以，验证实验的实验目的是验证一种科学推断的正确性，可以作为其他实验方法的补充实验。验证实验也可以是对已提出的科学现象的重复验证，检验已有实验结果的正确性。

3. 比较实验

比较实验的实验目的是检验一种或几种处理的效果，设置两个或两个以上的实验组，通过对结果的比较分析，来探究各种因素与实验对象的关系。

4. 优化实验

优化实验的实验目的是高效率地找出实验问题的最优实验条件。以优化为目的的实验设计则称为优化实验设计。优化实验有助于提高实验效率，缩短科学研究的发现历程。

5. 探索实验

探索实验是指那些对未知事物的探索性科学研究实验，对于工程技术领域来讲，探索实验实质就是科研探索和开发设计，其设计工作既需要依靠专业技术知识，也需要结合使用比较实验和优化实验的方法。

2.2 实验设计要素与原则

2.2.1 实验设计的“三要素”

1. 实验指标

在实验设计中用来判断实验结果好坏采用的标准称为指标，也称为响应变量。指标的选取和实验目的有关。

2. 实验因素

实验因素是指在科学实验中，影响实验考核指标的因子，简称因素或因子。实验设计的一项重要工作就是确定可能影响实验指标的核心关键实验因素，并根据专业知识初步确定因素水平的范围。为此，通常要确定核心实验因素以及核心实验因素水平。此外，尚需确定实验因素的性质。实验的因素按照性质可以分为数量因素和品质因素。数量因素是定量的，通常指对其水平值能够采用数值大小精确衡量的因素；品质因素水平的取值是定性的，对其水平值进行描述时，往往采用非数值意义的标号进行描述。一般的原则为，实验的因素应该尽量选择为数量因素，少用或不用品质因素。

3. 实验水平

实验因素的具体取值称为实验水平。在实际科学实验中，实验水平常被人为地划分成几个等级，每个等级称为该因素的水平。在设计实验因素和因素水平时，既要考虑客观实验时的安全性，又要考虑科技发展对设计水平的制约，确保实验具有可行性和安全性。对于一些危险因素要有预见性的排除，这需要专业知识、实践经验与预先感知。

4. 实验处理

确定实验因素和水平后，按照因素的给定水平针对实验对象所做的系列操作称为实验处理。对于一个可控因素，选定不同水平进行实验，每一个水平就是一个处理。例如，实验只有一个可控因素 A，若该因素分为 A_1、A_2、A_3 三个水平时，该因素每一水平都是一个处理；如果存在多可控因素，可以采用正交等手段，进行实验处理，确定实验处理数量。在这种条件下，每一可控因素都取定一个水平进行搭配实验，每种搭配就是一个处理。如前面案例，除可控因素 A 外，还有一个可控因素 B，B 分成两个水平 B_1、B_2，则这时实验共有 6 个处理（A_1，B_1）、（A_1，B_2）、（A_2，B_1）、（A_2，B_2）、（A_3，B_1）、（A_3，B_2）。

5. 实验单元

实验单元是指接受实验处理的对象或产品。在工程实验中，实验对象多是材料和产品，实验单元的选择除去依赖必要的专业知识和统计学知识外，还要考虑其他如生理和伦理等问题。

6. 实验效应

实验效应往往指实验最后获得的结果，它往往需要通过具体的实验指标来体现。实验指标选择的原则是要尽量选用定量的实验指标，不用定性的实验指标；选用客观性强的指标，不用或者少用主观性的指标。这样能确保获得的实验指标的科学性。

上述实验因素、实验单元和实验效应，就是实验设计的三个要素，其中实验效应可用实验指标反映。

2.2.2　实验设计的“四原则”

实验设计的基本原则有四个，即随机化原则、重复原则、对照原则和均衡原则。确认这些原则是保证实验结果正确性的必要条件。下文分别叙述这四大原则。

1. 随机化原则

在抽样或分组时，必须做到使总体中任何一个个体都有同等的机会被抽取进入样本，以及样本中任何一个个体都有同等机会被分配到任何一组中。此即随机化原则。

2. 重复原则

准确的实验效果是建立在大量的重复实验基础上的，只有大量重复实验才有可能获得真实的实验效应。因此，在实验研究中，必须坚持重复原则。

在具体的实验科学中，重复实验操作有以下三种：①对某样品进行观测时，将样品分成 k 份，测出各份样品单位容积中某指标的观测值，用它们的算术平均值作为每份样品单位容积中该指标的直接观测值。②独立重复实验，是指在相同的实验条件下，独立重复地观测多个样品。③具有重复测量的实验或设计，是指在部分或全部实验条件有规律的变动时，从同一个样品上重复测量到 k 个数值。

3. 对照原则

对照的本质是比较。设立对照组，实际上就是寻找一个“参照物”或“对比的基础”，因为，任何实验效应都是相对的，在某个限定的场合才有意义。因此，通过设立对照组，实施对照法则，可以有效提高鉴别能力和结论的说服力，换言之，缺乏对照的研究是没有说服力的。当然，对照不全或对照设置的不合理也是没有说服力的。例如，一个药物的疗效如何，要看与谁比较，是与“安慰剂”比较还是与“当前市面上治疗此类疾病疗效最好的某种药物”比较，其结论是不同的，其可能产生的价值也是不一样的。对照实验是指一般进行某种实验以阐明一定因素对一个对象的影响和处理效应或意义时，除了对实验所要求研究因素或操作处理外，其他因素都保持一致，并把实验结果进行比较的实验。对照组的形式有多种，即自身对照（处理前、后对照）、完全随机对照（空白对照、相互对照、实验对照、标准对照）、中外或历史对照。在实际应用中，往往是多种对照形式同时运用。通常一个对照实验分为实验组和对照组。实验组是接受实验变量处理的对象组；对照组也称控制组，对实验假设而言，是不接受实验变量处理的对象组。至于哪个作为实验组，哪个作为对照组，一般是随机决定。这样从理论上说，由于实验组与对照组无关变量影响是相等、平衡的，因此实验组与对照组两者的差异，则可认定为是来自实验变量的效果，这样实验结果是可信的。

4. 均衡原则

所谓均衡，是指使对照组与实验组中的非处理因素尽量达到均衡一致，使处理因素的实验效应能更真实地反映出来。任何实验都是在一定的时间、空间范围内并使用一定的设备进行的，把这些实验条件都保持一致是最理想的，但是却是不现实的，在很多场合无法实现。解决的办法是把非处理因素，如人为划分的时间、空间、设备等实验条件形成的区组因素也纳入实验中，在对实验做设计和数据分析中也都作为实验因素。

2.3 单因素优化实验设计

如果在安排实验时，影响实验指标的因素只有一个，即为单因素优选。所以，单因素优选法通常是指实验的任务是在一个可能包含最优点的实验范围内寻求这个因素最优的取值，以得到优化的实验目标值。如果在实际实验过程中，影响实验指标的因素不止一个，称为多因素实验设计。如果影响实验指标的因素有多个，但是只考虑一个影响程度最大的因素，其余因素都固定在理论或经验上的最优水平保持不变，这种情况也属于单因素实验设计问题。值得一提的是，在多数情况下，实验属于多因素实验。

在单因素实验中，由于因素单一，因此实验指标函数 $f(x)$ 和因素 x 之间通常是一元函数。图 2-1 所示为常见的几种 $f(x)-x$ 函数形式。

单因素优化实验设计有多种方法，对具体实验应该使用哪一种方法与实验的目标、实验指标的函数形状、实验的成本费用有关。一般来讲，单因素优化实验设计包括均分法、对分法、斐波那契（Fibonacci）数法、黄金分割法等多种方法，统称为优选法。

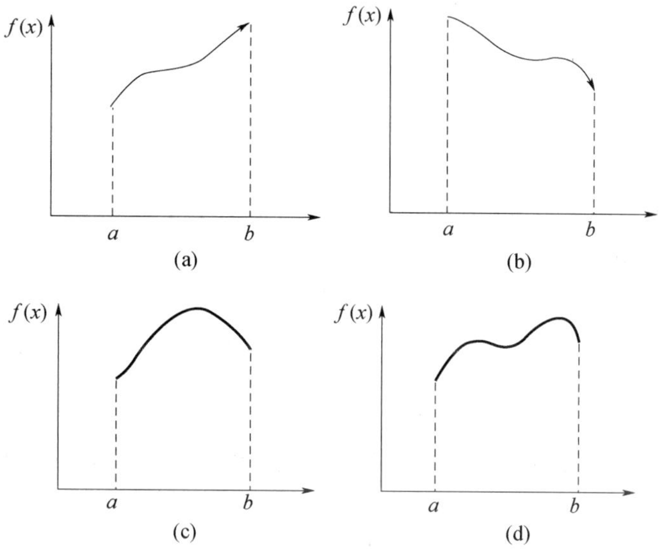

（a）单调上升函数；（b）单调下降函数；（c）单峰函数；（d）多峰函数。

图 2-1　实验指标函数形状

1. 均分法

均分法是在因素水平的实验范围［a，b］内按等间隔安排实验点。在对目标函数没有先验认识的场合下，均分法可以作为了解目标函数的前期工作，同时可以确定有效的实验范围［a，b］。

2. 对分法

对分法也称为等分法，是一种有广泛应用的方法。对分法每次实验可以把查找的目标范围缩小 1/2，通过 n 次实验可以把目标范围锁定在长度为 $(b-a)/2n$ 的范围内。对分法的实验目的是寻找一个目标点，每次实验结果分为三种情况：①恰是目标点；②断定目标点在实验点左侧；③断定目标点在实验点右侧。实验指标不需要是连续的定量指标，可以把目标函数看作是单调函数。

3. 黄金分割法

黄金分割法也称为 0.618 法，它适用于在实验范围内目标值为单峰的情况，是一个应用范围广泛的方法。其主要思想是每次在实验范围内选取两个对称点做实验，这两个对称点的位置直接决定实验的效率。理论证明这两个点分别位于实验范围［a，b］的 0.382 和 0.618 的位置是最优的选取方法。这两个点分别记为 x_1 和 x_2，则

$$x_1=a+0.382\ (b-a) \tag{2-1}$$

$$x_2=a+0.618\ (b-a) \tag{2-2}$$

对应的实验指标值记为 y_1 和 y_2。如果，y_1 比 y_2 好，则 x_1 是好点；把实验范围［x_2，b］划去，保留的新的实验范围是［a，x_2］；反之，则 x_2 是好点，保留的新的实验范围是［x_1，b］。无论保留的实验范围是［a，x_2］，还是［x_1，b］，不妨都记为［a_1，b_1］。对这新的实

验范围 $[a_1, b_1]$，重新使用以上黄金分割过程，得到新的实验范围 $[a_1, b_2]$，$[a_1, b_3]$，逐步做下去，直到找到满意的、符合要求的实验结果。通俗地说 0.618 法就是一种来回调试法。

4. 分数法

分数法也称为斐波那契（Fibonacci）数法，是用斐波那契数列安排实验的方法，这个数列记为 F_n，其数值是

n	0	1	2	3	4	5	6	7	8	9	10	11	…
F_n	1	1	2	3	5	8	13	21	34	55	89	144	…

起始的两个数都是 1，从 $n \geqslant 2$ 起每个数都是前面两个数之和，即

$$F_n = F_{n-1} + F_{n-2} \tag{2-3}$$

分数法是与 0.618 法相似的一种方法，也是适用于实验范围 $[a, b]$ 内目标函数为单峰的情况，但是需要预先给出实验次数，尤其适用于因素水平仅取整数值或有限个值的情况。一些因素虽然理论上说是可以连续计量的，但是在实际使用时往往可以认为只取整数值，如温度、时间等。这时全部可能的实验次数就是因素水平的数目，在这种情况下，斐波那契数法是比 0.618 法更为直观简便的方法。

记因素水平的数目为 m，在使用斐波那契数法设计实验时，需要因素的一个虚拟的零水平，这是为了使实验具有对称性。具体分为下面两种情况：

（1）因素水平的数目 m 恰是某个斐波那契数 F_n 。这时含虚拟零水平的数目是 $m+1=F_{n+1}$ ，最初两个实验点放在因素的 F_{n-2} 和 F_{n-1} 两个水平上。这时 F_{n-1} 右边共有 F_{n-2} 个实验点，F_{n-2} 左边含虚拟零水平的实验点个数也是 F_{n-2} 个，所以 F_{n-2} 和 F_{n-1} 这两个实验点的位置是对称的。比较这两个实验的结果，如果 F_{n-2} 点好则划去 F_{n-1} 上的实验范围，只保留从 0 到 F_{n-1} 这 $F_{n-1}+1$ 个水平（含虚拟零水平），对这 $F_{n-1}+1$ 个水平继续使用斐波那契数法；反之亦然。

（2）如果因素水平的数目 m 不是斐波那契数，记这个数目在 F_{n-1} 和 F_n 之间，这时需要采用虚拟水平方法，在实际因素水平的两端增加虚拟的水平，把因素水平的数目增加为 F_n 个，然后再按上述方法安排实验。

2.4 多因素优化实验设计

在实际生产过程中，影响实验指标的因素通常是非单一的，所以，多因素实验设计在实验设计方法中具有工程实践意义。对于多因素实验设计，首先需要做的就是要从众多的影响因素中挑选出少数几个主要的影响因素，为此，可以通过两个途径实现。一个是依靠专业知识，由专业实践和背景来决定因素的取舍；另一个是做筛选实验，在众多的可能影响因素中通过筛选实验确定核心的影响因素。通常情况下，可以按照以下具体原则来进行实验因素筛选：①实验因素的数目要适中，在多因素实验设计中，实验因素数量要合适，不宜过多或者过少，两者都不利于获得预期的实验结果。如果增加实验的因素并不需要增加实验次数，这种情况下，可以尽可能多地安排实验因素。②实验因素的水平范围应该尽可能大，在实验范围可以允许大一些的情况下，每一个因素的水平数

都尽量要多一些。如果实验因素和指标都是可以计量的，可以考虑采用均匀设计方法来安排设计实验。用均匀设计安排实验，其实验次数就是因素的水平数，或者是水平数的 2 倍，最适合安排水平数较多的实验。③实验指标要量化，不使用合格或不合格这样的属性测度，更不要把计量的测度转化为不合格品率，这样会丧失数据中的有用信息，甚至对实验产生误导。

正交实验是处理多因素实验的一种科学方法，它是根据正交性从全面实验中挑选出部分有代表性的点进行实验，这些有代表性的点具备“均匀分散，齐整可比”的特点，正交实验设计是分式析因设计的主要方法。正交实验是一种高效率、快速、经济的实验设计方法。

2.4.1　正交表

1. 正交表含义

为了能够合理安排实验并对实验数据进行相关统计分析，同时使实验直观可见，人们习惯采用正交表作为工具。正交表的表示方法 $L_t(n^q)$ 中，$t=n^k$ 为处理数也是正交表的行数，k 为基本因子数也是基本列数，n 为因子水平数，q 为可容纳的最大因子数也是正交表列数。较简单的正交表 $L_9(3^4)$ 见表 2-1。

表 2-1　$L_9(3^4)$ 正交实验表

实验批次	列号			
	1	2	3	4
1	1	1	1	1
2	1	2	2	2
3	1	3	3	3
4	2	1	2	3
5	2	2	3	1
6	2	3	1	2
7	3	1	3	2
8	3	2	1	3
9	3	3	2	1

表 2-1 中，$L_9(3^4)$ 正交表，右下角数字 9 表示有 9 行，实验有 9 个处理；括号内的指数表示有 4 列，即最多允许安排的因子数是 4 个；括号内的数字 3 表示此表的主要部分只有三种数字（或三种符号），实验的因子有三种水平，即水平 1、2、3。将 $L_9(3^4)$ 画成表格，即表 2-1，这张正交表的主体部分有 9 行 4 列，由 1、2、3 这 3 个数字构成。用这张表安排实验最多可以安排 4 个因素，每个因素取 3 个水平，需要做 9 次实验。

用正交表安排实验就是把实验的因素（包括区组因素）安排到正交表的列，允许空白列，把因素水平安排到正交表的行。具体来说，正交表的列用来安排因素，正交表中的数字表示因素的水平，用 $L_t(n^q)$ 正交表最多可以安排 q 个水平数目为 n 的因素，需

要做 t 次实验（含有 t 个处理）。

2. 正交表表头设计

表头设计是正交设计的关键，它承担着将各因素及交互作用合理安排到正交表的各列中的重要任务，因此一个表头设计就是一个设计方案。

（1）确定列数。

根据实验目的，选择处理因素与不可忽略的交互作用，明确其共有多少个数，如果对研究中的某些问题尚不太了解，列可多一些，但一般不宜过多。当每个实验号无重复，只有 1 个实验数据时，可设 2 个或多个空白列，作为计算误差项之用。

（2）确定各因素的水平数。

根据研究目的，一般两水平（有、无）可作因素筛选用；也可适用于实验次数少、分批进行的研究。三水平可观察变化趋势，选择最佳搭配；多水平能以一次满足实验要求。

（3）选定正交表。

根据确定的列数与水平数选择相应的正交表。

（4）表头安排。

应优先考虑交互作用不可忽略的处理因素，按照不可混杂的原则，将它们及交互作用首先在表头排妥，再将剩余各因素任意安排在各列上。例如，某项目考察 4 个因素 A、B、C、D 及 $A\times B$ 交互作用，各因素均为两水平，现选取 $L_8(27)$ 表，由于 A、B 两因素需要观察其交互作用，故将两者优先安排在第 1、2 列，根据交互作用表查得 $A\times B$ 应排在第 3 列，于是 C 排在第 4 列，由于 $A\times C$ 交互在第 5 列，$B\times C$ 交互作用在第 6 列，虽然未考查 $A\times C$ 与 $B\times C$，为避免混杂之嫌，D 就排在第 7 列。

3. 正交表的特点

正交表的列之间具有正交性，可以保证每两个因素的水平在统计学上不相关。正交表的一个特点就是正交性，具体表现在两个方面：一方面具有典型的均匀分散性，在正交表的每一列中，不同数字出现的次数相等。例如，在两水平正交表中，任何一列都有数码“1”与“2”，且任何一列中它们出现的次数是相等的；如在三水平正交表中，任何一列都有“1”“2”“3”，且在任一列的出现次数均相等。例如，$L_9(3^4)$ 正交表中，数字 1、2、3 在每列中各出现 3 次。另一方面是整齐可比性，任意两列中数字的排列方式齐全且均衡。例如，在两水平正交表中，任何两列（同一横行内）有序对共有 4 种：（1，1）、（1，2）、（2，1）、（2，2），每种对数出现次数相等。在三水平情况下，任何两列（同一横行内）有序对共有 9 种，（1，1）、（1，2）、（1，3）、（2，1）、（2，2）、（2，3）、（3，1）、（3，2）、（3，3），且每对出现次数也均相等，它们各出现一次。

正交表的另外一个特点是可以通过三个初等变换得到一系列等价正交表：①正交表的任意两列之间可以相互交换，这使得每个因素可以自由安排在正交表的各列上。②正交表的任意两行之间可以相互交换，这使得实验的顺序可以自由安排。③正交表的每一列中不同数字之间可以任意交换，称为水平置换，这使得因素的水平可以自由选择。

2.4.2　正交实验

1. 正交实验步骤

正交实验设计法，就是使用已经造好了的表格——正交表来安排实验并进行数据分析的一种方法，简单易行。其基本过程是首先明确实验目的和实验指标；其次确定因素和水平；然后选择合适正交表，确定实验方案。所以，正交实验具体步骤包括选表、表头设计和实验方案。

2. 正交实验实施

用正交表安排实验，首先要看因素的水平，选取与因素水平相同的正交表；然后看因素的数目，因素的个数不能超过正交表的列数，可以有空白列。根据选定正交表中各因素占有列的水平数列，构成实施方案表，按实验号依次进行，共做 n 次实验，每次实验按表中横行的各个水平组合进行。例如，$L_9(3^4)$ 表，若安排四个因素，第一次实验 A、B、C、D 四个因素均取一水平，第二次实验 A 因素取一水平，B、C、D 取两水平，……第九次实验 A、B 因素取三水平，C 因素取两水平，D 因素取一水平。实验结果数据记录在该行的末尾。因此，整个设计过程可用一句话归纳为："因素顺序上列、水平对号入座，实验横着做"。

为了尽量避免实验因素外的其他因素对实验的影响，例如，操作人员、仪器设备、实验环境等，做实验的顺序要依照随机化原则，或者采用抽签的方式确定。假如实验员在实验过程中对这项实验逐渐熟悉，实验的效果越来越好，后面的实验采收率就有提高的趋势。如果不按随机化原则安排实验顺序，操作人员将成为实验中不得不考虑的区组因素。依照随机化的顺序做实验就可以避免这些因素对实验结果的系统干扰，排除不必要的区组因素。

在实验中，实验因素以外的其他因素要保持固定，如果确实不能保持固定，可以增加一个区组因素，将这个区组因素也安排在正交表的一个列上。在分析实验数据时，该区组因素也作为一个因素处理，从而避免对实验结果的系统影响。例如，实验由 3 个人进行，则可以把人也看成一个因素，3 个人便是 3 个水平，将其放在正交表的空白列上，那么该列的 1、2、3 水平对应的实验分别由第一、第二、第三个人去做，这样就避免了因人员变动所造成的系统误差。

2.4.3　正交实验结果分析

对正交实验结果的分析有两种方法：一种是直观分析法；另外一种是方差分析法。

1. 直观分析

实验结果的直观分析方法也称极差分析法，是一种简便易行的方法。下面通过一个实例进行讲解：假设一个化工厂生产的某一种化工产品，采收率低并且不稳定，一般在 60％～80％波动，见表 2-2。为了提高该产品的采收率，需要找出关键因素和好的生产方案。相关实验设计及分析如下：

表 2-2　化工产品因素与水平表

水平	因素		
	A 反应温度（℃）	*B* 加碱量（kg）	*C* 催化剂种类
1	80	35	甲
2	85	48	乙
3	90	55	丙

在上述实例中，实验指标是采收率。通过专业技术人员的分析，影响采收率的 3 个主要因素是反应温度、加碱量和催化剂种类。每个因素分别取 3 个水平做实验，得出因素与水平表。对于上述实验，如果要全面做，需要 3×3×3=27 次实验，而采用正交实验设计，可以用较少的实验找出最优生产方案。采用表 2-3 的 $L_9(3^4)$ 正交表可以安排该实验，得到的实验结果见表 2-4。

表 2-3　$L_9(3^4)$ 正交实验表实验安排

实验批次	列号			
	A 反应温度（℃）	*B* 加碱量（kg）	*C* 催化剂种类	空白列
1	1（80）	1（35）	1（甲）	1
2	1	2（48）	2（乙）	2
3	1	3（55）	3（丙）	3
4	2（85）	1	2	3
5	2	2	3	1
6	2	3	1	2
7	3（90）	1	3	2
8	3	2	1	3
9	3	3	2	1

表 2-4　$L_9(3^4)$ 正交实验表实验结果

实验批次	因素			
	A 反应温度（℃）	*B* 加碱量（kg）	*C* 催化剂种类	实验结果 γ（采收率）（%）
1	1（80）	1（35）	1（甲）	51
2	1	2（48）	2（乙）	71
3	1	3（55）	3（丙）	58
4	2（85）	1	2	82
5	2	2	3	69
6	2	3	1	59
7	3（90）	1	3	77

续表

实验批次	因素			
	A 反应温度（℃）	B 加碱量（kg）	C 催化剂种类	实验结果 γ（采收率）（%）
8	3	2	1	85
9	3	3	2	84
T_1	180	210	195	—
T_2	210	225	237	—
T_3	246	201	204	—
t_1	60	70	65	—
t_2	70	75	79	—
t_3	82	67	68	—
R	22	8	14	—

针对表 2-4 所示结果，做如下分析：

（1）直观分析。

根据表 2-4 的 9 次实验结果看出，第 8 号实验 $A_3B_2C_1$ 的采收率最高，为 85%。但要明白，第 8 号实验方案不一定是最优方案，通过进一步的分析或者更细化的实验有可能得到更好的方案。

（2）计算分析。

表 2-4 中，T_1、T_2 和 T_3 这三行数据分别是各因素同一水平结果之和。例如，T_1 行 A 因素列的数据 180 是 A 因素 3 个 1 水平实验值的和，而 A 因素 3 个 1 水平分别在第 1、2、3 号实验，所以

$$T_{1A} = \gamma_1 + \gamma_2 + \gamma_3 = 51+71+58=180 \tag{2-4}$$

在上述计算中，B 因素的 3 个水平各参加了一次计算，C 因素的 3 个水平也各参加了一次计算。其他数据计算方式与上述方式类似，如 T_2 行 C 因素的求和数据 237 是 C 因素 3 个 2 水平实验值的和，而 C 因素 3 个 2 水平分别在第 2、4、9 号实验，所以：

$$T_{2C} = \gamma_2 + \gamma_4 + \gamma_9 = 71+82+84=237 \tag{2-5}$$

同样，在上述计算中 A 因素的 3 个水平各参加了一次计算，B 因素的 3 个水平也各参加了一次计算。然后对 T_1、T_2 和 T_3 这三行分别除以 3，得到的新数据为各因素在每一水平下的平均采收率。例如，t_1 行 A 因素的数据 60，表示反应温度为 80℃时的平均采收率是 60%。因此，从理论上计算出最优方案为 $A_3B_2C_2$，也就是用各因素平均采收率最高的水平组合的方案。

（3）分析极差。

通过极差，确定各因素的重要程度。表 2-4 中的最后一行 R 是极差，它是 t_1、t_2 和 t_3 各列三个数据的极差，即最大数减去最小数，如 A 因素的极差 $R_A=82-60=22$。可以看出 A 因素的极差 $R_A=22$ 最大，表明 A 因素对采收率的影响程度最大。B 因素的极差 $R_B=8$ 最小，说明 B 因素对采收率影响程度不大。C 因素的极差 $R_C=14$ 大小居中，说明 C 因素对采收率有一定的影响，但是影响程度不大。

（4）画趋势图。

对上述表格中的数据，可以进一步画出 A、B、C 三个因素对采收率影响的趋势图。这样就可以更直观地得到三个因素应该如何取值。不画趋势图，从表格数据也可以得到同样的结论，但是没有那么直观。例如，从表格中可以看出，反应温度越高越好，因而有必要进一步确定实验反应温度是否应该再升高。加碱量应该适中，取加碱量 $B_2=48\text{kg}$ 是合适的。对于催化剂这个因素，就没必要画趋势图了，只需要知道乙催化剂最好就可以了。

（5）成本分析。

对于一个企业来说，成本是必须要考虑的一个因素，在成本和产率之间要进行一个取舍，前面的分析说明选取加碱量 $B_2=48\text{kg}$ 是合适的，但是加碱量对采收率影响不大，而对成本有较大影响，所以在加权成本因素后，选加碱量为 35kg 可能会更好。因为 B_1 虽然平均采收率低 5%，但少投入 13kg 碱。这个需要综合考虑产品价格和碱的价格等，进行相应的经济核算，最终确定哪种方案更有利。

（6）综合分析。

经过上述分析，$A_3B_2C_2$ 是理论上的最优方案，在此基础上，可以进一步提高反应温度 A 的水平，加碱量 B 可以根据成本因素适当减少。因此，最终确定的方案，需要进一步的实验安排进行证实。即围绕 $A_3B_2C_2$ 安排一轮更精细的实验，让各个因素的取值范围更窄。其中催化剂固定为乙种，因素 A 确定一个比 90℃ 更高的水平，因素 B 再取一个比 48kg 略低的水平做实验，对实验方案进行微调。如对现有的实验结果已经满意，也可以不做微调。

（7）验证实验。

微调实验与验证实验类似，但是无论是否进行微调实验，都应该对理论上的最优实验方案即 $A_3B_2C_2$ 进行验证。也可以对 $A_3B_1C_2$ 进行同时验证，以确定采收率和经济效益之间的取舍。

2. 方差分析

直观分析是通过极差的大小来评价各因素对实验指标影响的程度，其中极差的大小并不是一个客观标准，为了科学实验的客观性，有必要采用一种客观的评价参数。如果对数据进行方差分析，则可以得到一个客观参数，下面介绍方差分析。

（1）总偏差平方和。

每次实验结果的 y_i 与总平均值 $\bar{y}$ 之差的平方和为总偏差平方和。

$$SS_T=\sum_{i=1}^{n}(y_i-\bar{y})^2 \tag{2-6}$$

式中，n 是正交表的行数，正交表的每行确定一个实验处理，每个处理得到一个实验数据，共有 n 个实验数据，记为 y_1、y_2、…、y_n，其中 $n=9$。$\bar{y}$ 是 n 个实验数据的平均值。

（2）因素的偏差平方和。

因素 A 的偏差平方和为

$$SS_{\text{A}}=\sum_{i=1}^{n}n_i(\bar{T}_i-\bar{y})^2 \tag{2-7}$$

式中，n_i是在第 i 水平下所做实验的次数，也就是计算 $\bar{T}_i$ 时所用到的数据个数。在该例子中 $n_i=n/a=9/3=3$（$a=3$ 是 A 因素的水平数），A 因素在每一个水平下都是做了 3 次实验，$\bar{T}_i$ 是在前面的直观分析方法中计算出的 A 因素的每一水平下的实验平均值。同理，可以计算出 SS_B和 SS_C，只是把$\bar{T}_i$分别作为 B 因素和 C 因素每一水平下的实验平均值。

（3）误差平方和 SS_E。

误差平方和有两种计算方法：一种是采用空白列计算。对空白列，按照上面因素偏差平方和的公式计算出相应的偏差平方和，就是误差平方和 SS_E。如果空白列不止 1 列，就分别计算出每个空白列的偏差平方和，这些空白列的偏差平方和之和就是误差平方和，空白列自由度之和就是误差平方和的自由度。另一种方法是用下式计算误差平方和。

$$SS_E = SS_T - SS_A - SS_B - SS_C \tag{2-8}$$

不考虑交互作用的误差平方和的一般公式为

误差平方和＝总偏差平方和－各因素偏差平方和之和

多数正交表满足偏差平方和分项式，即总偏差平方和等于各列偏差平方和之和，这时两种方法是相同的。有些正交表不满足偏差平方和分项式，这时空白列计算法不再适用。

（4）方差分析表。

计算出各有关的离差平方和后，就可以进一步计算表 2-5 正交设计方差分析表，如表 2-6 所示。表 2-5 和表 2-6 中各项的含义和方差分析表的含义是一致的。

表 2-5　正交设计方差分析表

项目	平方和 SS	自由度 DF	均方 MS	F 值
因素 A	SS_A	$a-1$	$SS_A/(a-1)$	MS_A/MS_E
因素 B	SS_B	$a-1$	$SS_B/(a-1)$	MS_B/MS_E
因素 C	SS_C	$a-1$	$SS_C/(a-1)$	MS_C/MS_E
误差	SS_E	$a-1$	$SS_E/(a-1)$	—
合计	SS_T	$n-1$	—	—

表 2-6　方差分析表

来源	平方和 SS	自由度 DF	均方 MS	F 值	P 值
模型	1152	6	192	4.47	0.1946
误差	86	2	43	—	—
总计	1238	8	—	—	—
A	728	2	364	8.47	0.1057
B	98	2	48	1.14	0.4674
C	326	2	163	3.79	0.2087

表 2-6 第 1 列是离差平方和的来源，包括因素 A、B、C 误差，总计，其中总计的离差平方和就是按照公式计算的总偏差平方和 SS_T，另外还包括一项模型（Model），是

全部因素和交互作用偏差平方和之和。

第 2 列 SS 是偏差平方和，其中模型的偏差平方和是 3 个因素偏差平方和的总和，其余的偏差平方和都是按前面介绍的公式计算的。

第 3 列 DF 表示自由度，在正交设计中，各列的自由度是水平数减 1，本例每列水平数是 3，所以各列的自由度是 2。总自由度是实验次数减 1，本例是 9－1＝8，模型的自由度 6 是 3 个因素自由度之和。

第 4 列 MS 是均方（Mean Square），就是偏差平方和除以自由度。

第 5 列 F 值是统计量值。

第 6 列是显著性概率 P 值，当 P 值小于 0.05 时认为该因素对实验结果有显著影响，或者说该因素是影响实验指标的重要因素。

在实例中，3 个因素的 P 值都大于 0.05，但是不能简单地判定 3 个因素都不显著，而应该剔除一个最不显著的因素。本例中 B 因素的 P 值＝0.4674 最大，是最不显著的因素，剔除因素 B 后重新做方差分析，得到新的方差分析表 2-7。

表 2-7　新方差分析表

来源	平方和 SS	自由度 DF	均方 MS	F 值	P 值
模型	1054	4	263	5.73	0.0597
误差	184	4	46	—	—
总计	1238	8	—	—	—
A	728	2	364	7.91	0.0407
C	326	2	163	3.54	0.130

在新输出的方差分析表中，A 因素的 P 值＝0.0407＜0.05，是显著的，说明 A 因素是影响实验结果的重要因素。C 因素的 P 值＝0.130，显著性弱，说明 C 因素是影响实际结果的次要因素。

比较两张方差分析表可以看到，剔除 B 因素后，A 因素和 C 因素的偏差平方和都没有改变，这是由正交表的正交性决定的，是正交设计的一个优良性质。剔除 B 因素后 SS_E 从 86 增加到 184，增加的数值 184－86＝98 恰好是原先 B 因素的偏差平方和。实际上，剔除 B 因素后，把 B 因素所在的第 2 列和空白列第 4 列都作为了误差项，这时 SS_E 就是这两列的偏差平方和相加，其自由度也是这两列自由度相加，即 2＋2＝4。

正交设计采用正交表安排实验方案，它从全面实验的样本点中挑选出部分有代表性的样本点进行实验，仅用较少的实验次数就可以找出因素水平间的最优搭配或由实验结果通过计算推断出最优搭配，因此可以大大减小实验的工作量。所以，在科学研究中得到广泛使用。

2.5　遵守实验室相关规定

设计好实验方案后，与开展相关实验直接相关的就是实验室管理。一般来讲实验室管理通常包括实验室规则、水电、设备、化学药品使用以及实验处理等几部分。进入实验室之前，首先注意了解遵守实验室的相关规定，特别是与安全相关的规定。不同实验室可能有不同形式的规则，但是大体包括实验流程规定、宏观水电管理、设备使用的总体规定等。例如，下文是一个典型的实验室规则。

一、进入实验室须知

1. 凡进入实验室进行实验的人员必须根据实验证标识授权使用设备，遵守实验室的各项相关制度，爱护实验室公共设施并保持环境卫生。

2. 在进行实验时应认真负责，室内保持安静；严禁在实验时闲谈，禁止在实验室内吸烟、吃零食。

3. 使用任何仪器设备（如显微镜、硬度计、印相设备、抛光机、电镜等）均需进行培训，经实验室管理人员考核通过后方可按考核成绩，分等级授权进行不同设备不同层次的操作。

4. 实验应严格遵守操作规程，实验过程中，不得擅自离开。实验完毕及时登记台时、实验项目（如制样个数、采集图像数、能谱打点数、硬度点数等），做好实验记录。

5. 实验完毕，关好水、电、气并清理环境卫生。

6. 所使用设备一旦发生故障，应保留现场并及时向仪器负责人汇报，其他人员不得自行处理。

二、安全用电常识

违章用电可能造成人身伤亡、火灾、仪器设备损坏等严重事故。物理化学实验室使用电器较多，特别要注意安全用电。为了保障人身安全，一定要遵守实验室安全用电规则。

1. 防止触电

（1）不用潮湿的手接触电器。电源裸露部分应有绝缘装置（如电线接头处应裹上绝缘胶布）。所有电器的金属外壳都应保护接地。

（2）实验时，应先连接好电路后才接通电源。实验结束时，先切断电源再拆线。

（3）修理或安装电器时，应先切断电源。

（4）不能用试电笔去试高压电。使用高压电源应有专门的防护措施。如有人触电，应迅速切断电源，然后进行抢救。

2. 防止引起火灾

（1）使用的断路器（空气开关）与实验室允许的用电负荷相符。电线的安全通电量应大于用电功率。

（2）室内若有氢气、煤气等易燃易爆气体，应避免产生电火花。禁止使用空气开关、接触器和继电器等电气设备。必须使用时需使用防爆类的电气设备或将电气设备与危险气体分室放置。电器接触点（如电插头）接触不良时，应及时修理或更换。

（3）如遇电线起火，立即切断电源，用沙或二氧化碳、干粉灭火器灭火，禁止用水或泡沫灭火器、1211 灭火器等灭火。

实验室的多数实验离不开化学药品，而化学药品有两大特性：①多数化学药品具有毒性；②多数化学药品具有潜在的腐蚀、爆炸、着火等特性。所以，针对实验室化学药品往往有特殊规定，目前对于易燃、易爆的化学品，很多机构采取单独摆放、残留废品单独处理等措施。对于化学药品的操作，首先要了解使用的化学药品特性，然后在实验过程中，要做针对性的处理，如对于腐蚀性强的化学药品，使用时一定要注意戴好防腐用具，如手套、防毒面具等，对于易燃、易爆药品要严格遵守实验流程，下文是一个典型的化学实验的实验室规定，可以借鉴了解。

化学实验基本操作

在化学实验室中，安全是非常重要的，它常常潜藏着诸如发生爆炸、着火、中毒、灼伤、割伤、触电等事故隐患，如何防止这些事故的发生以及万一发生又如何急救，这些都是每一个实验工作者必须具备的素质。

1. 仪器的洗涤

玻璃仪器洗净的标准：内壁上附着的水膜均匀，既不聚成水滴，也不成股流下。仪器用毕应立即清洗，一般可依照：倾去废物—冷却—用水冲洗—刷洗—用水冲洗的顺序进行。

如果仪器内壁附着不溶于水的碱、碳酸盐、碱性氧化物等物质，可先用少量稀盐酸溶解，再反复用水冲洗。若附着少量油污，就会挂附水珠，可用适合的刷子蘸少量洗衣粉（或洗洁精）刷洗，刷净后再反复用水冲洗。

2. 药品的取用和保存

实验室里所用的药品，很多是易燃、易爆、有腐蚀性或有毒的。因此，在使用时一定要严格遵照有关规定和操作规程，保证安全。不能用手接触药品，不要把鼻孔凑到容器口去闻药品（特别是气体）的气味，不得尝任何药品的味道。注意节约药品，严格按照实验规定的用量取用药品。实验剩余的药品既不能放回原瓶，也不要随意丢弃，更不要拿出实验室，要放在指定的容器内。

（1）固体药品的取用

取用固体药品一般用药匙。取用块状固体药品，应用镊子夹取。取用过药品的工具应当立即擦净，取用过的药品应立刻盖好密封，以防止药品受潮、氧化、失效。

块状药品和金属颗粒放入玻璃容器时，应先把容器横放，放入药品或金属颗粒后再把容器缓慢竖起，使其滑至容器底部，以免撞破容器。

（2）液体药品的取用

取用很少量液体时可用胶头滴管吸取。取用较多量液体时可用量筒，取用细口瓶里的药液时，先拿下瓶塞，倒放在桌上，然后拿起瓶子（标签应对着手心），瓶口要紧挨着量筒口，使液体缓缓地倒入量筒。注意防止残留在瓶口的药液流下来，腐蚀标签。

3. 配制溶液注意事项

（1）试剂瓶、量筒、容量瓶等，绝对不能用加热板或热水加热。当用加热方法来加速物质溶解时，必须不断搅拌溶液，使物质处于悬浮状态，因底部有沉淀物的容器加热时容易发生破裂。热的玻璃仪器不能突然接触冷的物体，特别是冷水；过冷的玻璃仪器则不能突然加热。

（2）溶解和稀释化学药品，特别是配制固体苛性碱、浓硫酸之类的浓溶液，只能在耐热的玻璃容器（如烧杯、烧瓶）中进行，切不可在玻璃瓶（试剂瓶）、量筒、结晶皿或标本缸中配制，这些物质溶解时放出的热量会使这些容器破裂。

(3) 配制溶液时，取用一切化学药品，均禁止用手直接拿取，会造成试剂的污染，或手的烧蚀。

(4) 搬动盛有强酸、强碱溶液（或其他有腐蚀性的液体，或易燃性的液体）的瓶子，必须托住瓶底，只拿住瓶颈是很危险的，因为遗留在瓶口的溶液会使玻璃表面变得很滑。平时应将瓶口周围擦干净。贮藏和搬移强酸，须将容器密闭，并另外用设备保护，以防破裂。盛有溶液的薄壁玻璃器皿（烧瓶、烧杯）搬动时也必须托住它们的底部。为了防止倾倒而发生事故，不要把腐蚀性试剂的溶液放在试剂架的顶层上。

(5) 当打开装有挥发性液体（如乙醚、浓盐酸、浓硝酸、浓氨水等）的瓶子时，绝对不可将瓶口对准自己或他人的脸部，特别是眼睛，因为瓶内液体由于蒸发会产生相当的压力（尤其在夏天）。当启动瓶塞时，塞子会被骤然顶出，有时会喷出一部分液体，危险性很大。

(6) 稀释浓硫酸时，会产生大量热量，为避免酸液飞溅，必须注意，只能把酸缓缓地倒入水中，并不断搅拌；绝对不能反过来，把水注入酸内。大多数酸用水稀释时，都会产生一定的热量，因此，需要把这一规则应用于一切酸类的稀释。稀释硫酸时，如果硫酸量较大，为安全起见，应该预先把盛水的烧杯放在冷水中，一旦发现温度过高，应停止继续注入硫酸，待冷却后，再行稀释，最好是分几次进行稀释。

实验室的另一个常见的操作就是测量仪器和设备的使用。实验室仪器或者设备多是精密仪器，使用时一定要遵守相关流程，否则不仅可能损坏仪器，测量数据精度也会受到影响，造成实验数据失效。一般情况下，实验室针对设备或者仪器都会有操作说明，使用前要仔细阅读。此外，最好在使用前，了解实验室仪器品牌和型号后，针对仪器的原理和检测注意事项等进行预先学习，这样不仅可以提高测试数据的准确度，还可以针对测量误差进行有效分析。切忌盲目操作，实验室精密仪器一般价格都很高昂，一旦损坏，不但经济损失，更重要的是会影响自己和他人的实验进程。下面是一个关于 XRD 仪器使用的参考案例，可供参考学习。

样品准备：样品在实验前应磨成平滑去氧化的表面，并用酒精清洗，若被测样品是粉末，可以均匀平铺粘在胶布上。设备的操作步骤如下：

1. 打开实验室电源，包括实验室总电源、三相电源、仪器电源及冷却循环水电源等。

2. 打开控制软件：打开计算机，打开桌面的操作软件，如“XG Operation”，进入“XG control RINT2200 Target：Cu”窗图。

3. 测试样品放置：压好样品后，把样品放入仪器前，一定要按仪器面板上的“DOOR OPEN”！直到听见断续的“哔、哔、…”蜂鸣声，才可以打开仪器的铁门放置样品，取出样品同样操作，否则，X 光会伤害人体且损害仪器！

4. 仪器对样品测试：打开右系统样品测试控制软件：双击桌面的“Standard measurement”，进入 Standard measurement [Right] 窗口，注意此窗的 Use 列：Yes 则用此行的测量条件，要求此列别的均为“No”；改好路径名（Folder name）以及文件名（File name）；双击 Condition 列对应行的数字格，则进入该行的测量条件选择，按需求设置好各参数后，点击 Executement 键，进入执行测量。

5. 关机过程：按要求关闭控制软件，过 10min 后才能关冷却循环水电源：按“停止”按钮。最后关计算机、空调、水。搞好卫生、带走废液，关好窗、门（因为房间要抽湿，通常不用关总电源）。

除去上述实验室说明外，实验处理是实验者直接操作的过程，该过程主要是实验者按照预先实验设计完成实验，获得预期实验效果的过程。此过程实验者要注意的事项如下：

（1）确保实验数据精度。一个实验的成功与否，与实验过程中实验步骤和数据采集精度息息相关，往往是一步错步步错。因此，在具体实验过程中，一方面要胆大、心细，另一方面要确保每一步的精准度，细节决定成败。所以，实验过程中一定要确保每个步骤都是正确的，这一方面取决于实验者个体的实验素质，另一方面取决于详细周密的实验设计计划、个人素质和扎实的专业背景。

（2）实验误差的分析。在实验过程中，一定要对实验的各个过程做好详细的实验记录，这样一方面可以确保成功的实验可以重复，另一方面可以帮助人们寻找失败的因素。所以，良好的记录习惯是分析实验误差的一个重要手段。数据分析断定无论是系统误差还是偶然误差，都需要找出形成环节予以去除。

（3）实验设计的修改和完善。有时通过具体实验发现局限涉及的因素和水平都不完善，此时需要修改和完善。

科学实验本质上是一个发现过程，对自然现象的发现有时需要极度的耐心，正因为如此，很多科学上的重大发现都是无意中发现的，所以，实验者在实验过程中要确保极度的耐心和细致。同时要说明的是：一个优秀的厨师，在完成一道菜烧制后，厨房同时会被清理干净。科学研究者也是一样，一个好的科学研究者不仅专业素养要高，在实验过程中也具有较高的实验素质，实验结束后，要确保实验后和实验前保持一致。

2.6 实验报告的撰写

科学实验结束后，需要在不带有主观色彩的前提下，客观记录实验的过程和结果，并形成科技实验报告。撰写实验报告是科技实验工作不可缺少的重要环节，也是培养学生科研实践能力和研究能力的重要环节。所谓的实验报告是把实验的目的、方法、过程、结果等记录下来，经过整理写成的书面汇报。一个完整的科学实验报告通常包括实验名称、实验目的、实验原理和方法、实验器材、实验过程和步骤、实验数据记录和处理、实验结果与分析、实验结论和思考题等。

1. 实验名称

实验名称应该采用最简练的语言反映实验的内容。让阅读者一目了然，通过题目就可以推知科学实验的内容。如验证某程序、定律、算法，可写成“验证×××”；分析×××。

2. 实验目的

实验目的就是指为什么做该实验，要达到一个什么效果。在具体实践上，是掌握使用实验设备的技能技巧，学习程序的调试方法还是要在实验中发现某些现象。所以，实验目的一定要具有明确性，在实验目的中要明确阐明实验意图。进一步可以在实验目的中说明实验是验证型实验还是设计型实验，是创新型实验还是综合型实验。

3. 实验原理和方法

实验原理和方法是指实验依据的理论和实践依据，是实验设计重要的指导思想。实验原理通常是指建立在大量观察、科学实验和社会实践的基础上，经分析、推理、归纳、概括而得到的事物的存在和运动规律。实验方法则是指由研究者根据研究问题的本质内容设计实验，控制某些环境因素的变化，使得实验环境比现实相对简单，通过对可重复的实验现象进行观察，从中发现规律的研究方法。

4. 实验器材

实验器材是指在实验中需要用到的实验用物、药品等，通常包括实验所需要的仪器、设备、工具、材料和试剂等，实验报告中，针对这些用品的记录要完全，如实验器材的型号、规格、尺寸等，因为不同的实验器材，可能产生不同的实验结果。

5. 实验过程和步骤

实验过程和步骤的撰写实质是记录所有和实验相关的行为，如实验过程的准备工作、操作程序等，对于实验过程步骤，在撰写时往往要求记录具体、准确和语言精练。一个简单实用的记录标准就是别人按照撰写的实验过程和步骤可以无师自通地重复实验流程和步骤，并获得一致的实验结果。实验过程和步骤的撰写可以采用流程图、表和反应式等手段，同时配以相应的文字说明，简明扼要，清楚明白。

6. 实验数据记录和处理

实验数据记录除了对有些现象的描述外，实验结果基本上是数据。实验数据是指实验中通过测量得到的以及经过各种运算和处理后得到的数据。对于数据记录和处理要坚持如下原则：

（1）用钢笔或档案圆珠笔及时填写在原始记录表格中，不得记在纸片或其他本子上再誊抄。

（2）填写记录字迹应端正，内容真实、准确、完整，不得随意涂改。

（3）针对未经处理前的实验数据，也就是原始数据要保留，实验报告中要附有这些原始数据；改正时应在原数据上画一横线，再将正确数据填写在其上方，不得涂擦、挖补。

（4）对附带数据自动记录和处理功能的仪器，将测试数据转抄在记录表上，并同时附上仪器记录纸；若记录纸不能长期保存（如热敏纸），采用复印件，并做必要的注解。

（5）记录内容包括检测过程中出现的问题、异常现象及处理方法等说明。

(6) 在记录测量数据和计算结果时，应根据所用仪器的精度和对分析结果准确程度的要求，使必须保留的有效数字中，只有最后一位数是可疑数字。针对运算过程的有效数字取舍按照前面学习的数据处理方法进行。

7. 实验结果与分析

实验结果通常指实验中获得的详实实验数据、典型现象、实验结局和实验假设的关系说明等。实验结果是实验获得的第一手资料，一般情况下，实验结果主要指实验数据。实验数据要报告所有相关的结果，包括那些与假设相矛盾的结果。实验分析主要包括针对预期实验结果的分析、实验误差分析以及可能的实验成功和失败分析。在实验结果以实验数据为主要表现形式的前提下，实验分析实质就是数据分析，即用适当的统计分析方法对收集来的大量数据进行分析，提取有用信息并形成结论，实现对数据的详细研究和概括总结。

8. 实验结论

通过实验结果与数据分析，要说明主要的结果或发现，注明实验条件的情况下，说清楚通过实际的实验及其结果肯定了什么、否定了什么、发现了什么。通过对实验现象和实验结果进行概括分析和推导得出的事实或者规律，同时要尽量详细报告实验数据以支撑验证结论。

第 3 章　X 射线衍射分析

3.1　XRD 的原理

X 射线是 1895 年德国物理学家伦琴在研究阴极射线时发现的一种新的辐射。通过材料科学基础的学习可知：每一种晶体，理论上都有其特定的晶体结构，晶体结构中原子排列具有三维周期性的特点。如果采用具有足够能量的 X 射线针对晶体进行照射，会产生什么后果呢？

基于晶体的空间点阵特点和物理学知识，可以设想，如果 X 光照射进入晶体，会发生如图 3-1 所示的反射，在这个反射过程中，入射光和反射光遵循如下规律

$$2d\sin\theta = n\lambda \tag{3-1}$$

式中，d 为晶面间距；n 为整数，称为反射级数；λ 为入射波长；θ 为入射线或反射线与反射面的夹角，称为掠射角，它等于入射线与衍射线夹角的 1/2，故又称为半衍射角，2θ 称为衍射角。当 X 射线以掠射角 θ 入射到某一点阵平面距离为 d 的原子面上时，在符合式（3-1）的条件下，将在反射方向上得到因叠加而加强的衍射线。此规律是 1913 年英国物理学家布拉格父子提出的，作为晶体衍射基础的著名公式，式（3-1）表达的定律被称为布拉格定律。

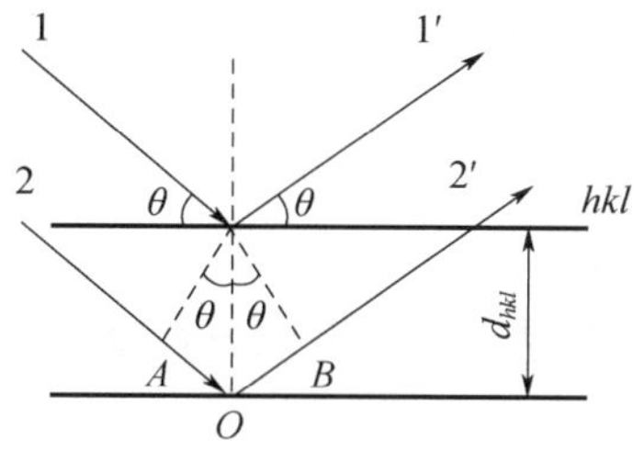

图 3-1　布拉格反射

按照布拉格定律，晶体可以作为 X 射线的空间衍射光栅，即当一束 X 射线通过晶体时将发生衍射，衍射叠加的结果使射线的强度在某些方向上加强，在其他方向上减弱，产生不同程度的衍射现象，形成特有的衍射图谱，这些图谱一般会受到物质组成、晶型、分子成键方式、分子构型以及构象等因素影响。因此，通过分析在照相底片上得到的衍射花样，便可确定晶体结构。此为布拉格定律的意义和价值，即基于布拉格定律，可以确定晶体结构，进而实现针对晶体相组成和相结构的定性分析及定量分析，此种技术分析方法称为 X 射线衍射相分析。

按照布拉格定律，如果将波长为 λ 的单色 X 射线以一定的入射角射向粉晶时，无规则排列的粉晶中总会有许多小晶粒中某些面处于满足布拉格方程的位置，从而产生衍射

线。这些产生的衍射线，如果可以通过仪器被有效接收，那么粉晶中的全部衍射线就会形成相应的衍射谱图。已知波长 λ，测出 θ 后，利用布拉格公式即可确定点阵平面间距、晶胞大小和类型；根据衍射线的强度，还可进一步确定晶胞内原子的排布，这便是X射线结构分析中的粉末法或德拜-谢乐法的理论基础。X射线衍射仪就是依据上述原理，通过产生并利用X射线和晶体的相互作用，完成上述功能的精密仪器。如图 3-2所示为典型的X射线衍射仪。X射线衍射仪是X射线衍射相分析的工具。

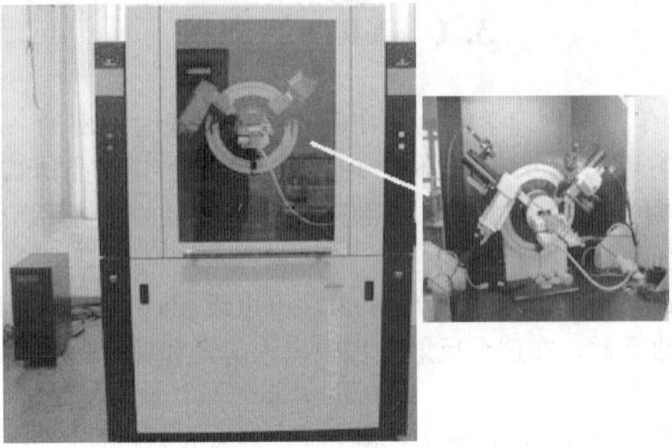

图 3-2　X射线衍射仪

X射线衍射相分析实质是利用X射线在晶体物质中的衍射效应进行物质结构分析的技术，它是研究物质的物相和晶体结构的主要方法之一。与其他测量方法相比，X射线衍射方法具有不损伤样品、无污染、快捷、测量精度高、能得到晶体完整性的大量信息等优点。X射线衍射分析法作为材料结构和成分分析的一种现代科学方法，是利用衍射原理，精确测定物质的晶体结构、织构及应力，进行物相分析、定性分析、定量分析的手段。在研究和生产中广泛应用于冶金、石油、化工、科研、航空航天、教学、材料生产等领域。

3.2　X射线衍射仪

如前所述，X射线衍射仪是按晶体和X射线相互作用的几何原理设计制造的衍射实验仪器。最原始的X射线衍射仪是1912年布拉格使用电离室探测X射线获得信息的装置。近代X射线衍射仪是1943年在弗里德曼的设计基础上制造的。在20世纪50年代X射线衍射仪得到了普及应用。

X射线衍射仪的形式多种多样、用途各异，但其基本构成很相似，图 3-3 给出了X射线衍射仪的基本构造原理图，在某种程度上讲，图 3-3 为图 3-2 的简单示意图，为了展示其原理，图 3-3 同时给出了辅助装置的文字说明。X射线衍射仪主要部件包括四部分：

（1）高稳定度X射线源，提供测量所需的X射线；改变X射线管阳极靶材质可改变X射线的波长；调节阳极电压可控制X射线源的强度；通过光阑可以调节X射线的平行度。

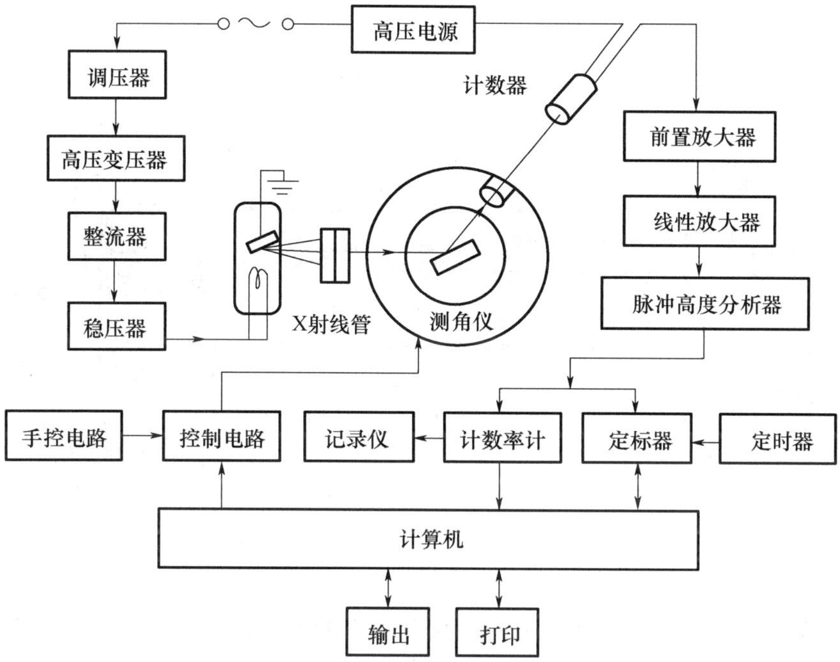

图 3-3　X 射线衍射仪的基本结构示意图

（2）样品及样品位置取向的调整机构系统，关键核心设备是测角仪，样品须是单晶、粉末、多晶或微晶的固体块。

（3）射线检测器，检测衍射强度同时检测衍射方向，通过仪器测量记录系统或计算机处理系统可以得到多晶衍射图谱数据。

（4）衍射图的处理分析系统，现代 X 射线衍射仪都附带安装有专用衍射图处理分析软件的计算机系统，它们的特点是自动化和智能化，可以结合 X 射线卡片数据库，方便地对衍射图进行分析处理。

3.2.1　X 射线管

前面所述 X 射线衍射仪的主要部件中，X 射线管是第一部分中的核心部件。X 射线管主要用途是产生 X 射线。

现代衍射用的 X 射线管都属于热电子二极管，如图 3-4 所示为一种典型的 X 射线管的结构和工作原理示意图。X 射线管由阴极、阳极和真空玻璃（或金属陶瓷）外壳组成，阴极通以电流加热至白炽状态时，在其阳极周围形成电子云，当在阳极与阴极间施加高压时，电子加速穿过真空空间，高速运动的电子束集中轰击阳极靶子的一个面积（几平方毫米左右，又称为实际焦点），电子被阻挡减速和吸收，部分动能（约 1%）转换为 X 射线，其余 99%以上的能量变成热能。

灯丝罩起着控制栅的作用，使灯丝发出的热电子在电场的作用下聚焦轰击到靶面上。阳极靶面上受电子轰击的焦点即 X 射线源，向四周发射 X 射线。在阳极一端的金属管壁上开有多个射线出射窗，X 射线从这些窗口向外发射。

阳极靶面受电子束轰击的焦点呈细长的矩形，从射线出射窗中心射出的 X 射线与

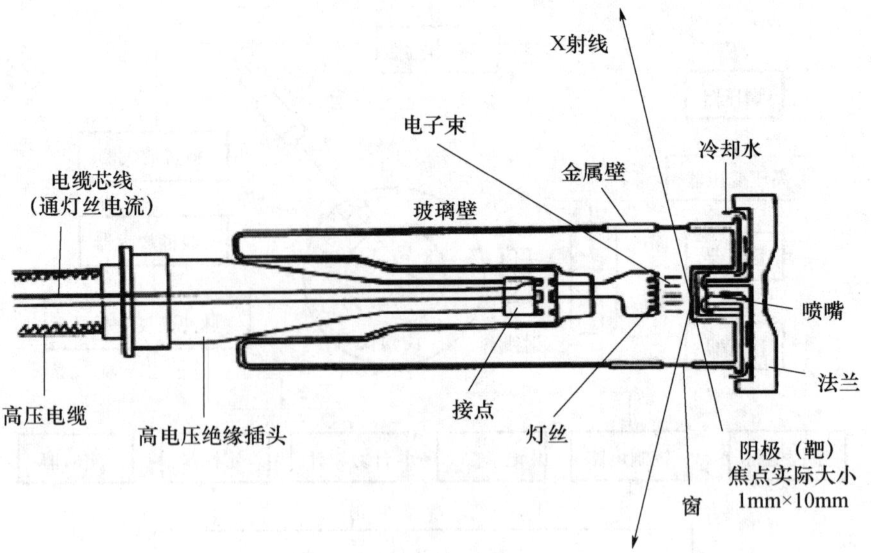

图 3-4　X 射线管示意图

靶面的夹角在 3°～6°。这导致从出射方向相互垂直的两个出射窗观察靶面的焦斑的形状不一样。从出射方向垂直焦斑场边的两个出射窗口观察，呈线状的焦斑称为线光源；从另外两个出射窗口观察，焦斑如点状的称为点光源。粉末衍射一般使用线光源。

X 射线管有密封式和转靶式两种。前者最大功率在 2.5kW 以内，随着靶材料的不同而变化。转靶式是为获得高强度 X 射线而设计的，一般功率在 10kW 以上，目前常用的有 9kW、12kW 和 18kW。密封式 X 射线管的阴极接负高压，阳极接地。密封式 X 射线管除阳极端外，其余部分为玻璃或陶瓷，管内真空度达到 10^{-6} Torr 以上，高真空不但可以延长发射热电子的钨灯丝的寿命，还能防止阳极表面污染。

3.2.2　测角仪

前面述及的 X 射线衍射仪的主要部件中，测角仪是第二部分中的核心部件。测角仪主体机械结构包括轴系、驱动电机、样品台和检测器转臂等。为了实现特殊功能，人们还在衍射仪上配备各种不同功能的硬附件，以及相应的控制和计算软件，如 X 射线衍射仪系统中配备狭缝和单色仪等插入部件，以提高 X 射线的平行性和单色性；配备四圆角单晶衍射仪、微区衍射测角仪、小角散射测角仪、织构测角仪、应力分析测角仪、薄膜衍射附件、高温衍射和低温衍射附件等，用于执行各种特殊功能的衍射实验。测角仪的扫描范围：正向（逆时针 0°以上）2θ 可达 165°；负向（顺时针 0°以下）2θ 可达－100°，2θ 测量的准确性精度为 0.01°，重复性精度为 0.001°。

1. 测角仪关键部件

测角仪的简单结构示意图如图 3-5 所示，包括 O 位置的样品台、入射束光阑 S_1、衍射束光阑 S_2、计数器 D 等装置。

（1）样品台。

样品台位于测角仪中心，样品台的中心轴 ON 与测角仪的中心轴 O 垂直。样品台既可以绕测角仪中心轴转动，又可以绕自身的中心轴转动。样品台安装试样时，要求试样表面严格地与测角仪中心轴重合。

（2）测角仪圆。

入射线从 X 射线管焦点 F 发出，经入射束光阑 S_1、H 片投射到试样表面产生衍射，衍射线经衍射束光阑系统 M、S_2、G（接收光阑）进入计数器 D。X 射线管焦点 F 和 G 位于同一圆周上，把这个圆周称为测角仪圆，测角仪圆所在的平面称为测角仪平面。

（3）计数器。

试样台和计数器分别固定在两个同轴的圆盘上，由两个步进电机驱动。在衍射测量时，试样绕测角仪中心轴转动，不断地改变入射线与试样表面的夹角 θ，与此同时计数器沿测角仪圆运动，接受各衍射角 2θ 所对应的衍射强度。根据需要，θ 和 2θ 可以单独驱动，也可以自动匹配，使 θ 和 2θ 以 1∶2 的角速度联合驱动。

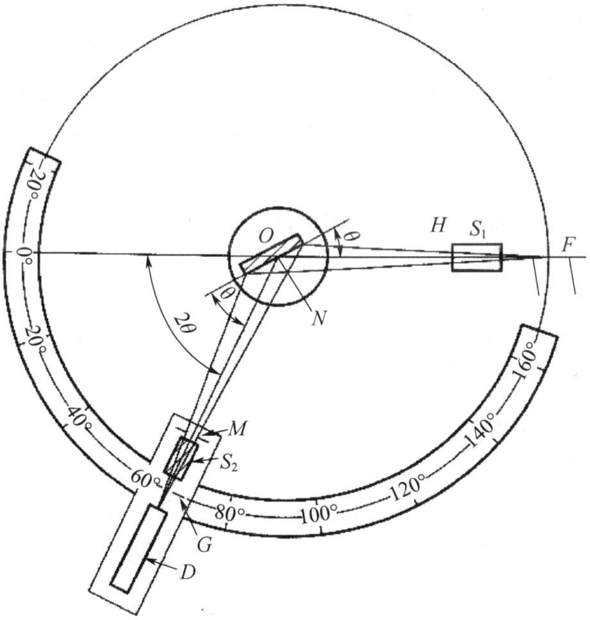

图 3-5　测角仪的结构示意图

2. 测角仪光路系统

为了确保较多的入射线能量投射到试样，测角仪一般要求与 X 射线管的线焦斑连接使用，同时确保线焦斑的长边与测角仪中心轴平行。为了进一步控制线焦斑沿长边方向的发散度，优化衍射环宽度的均匀性，在测角仪光路中往往采用由狭缝光阑（H、M）和梭拉（Sollar）光阑（S_1、S_2）组成的联合光阑系统，梭拉光阑可将光束沿测角仪轴向的发散度控制在 2°左右。据此，形成的测角仪光路系统的基本组成如图 3-6 所示。

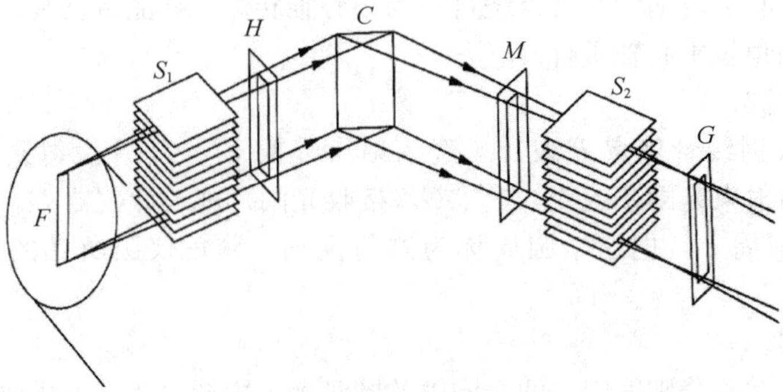

图 3-6 测角仪的光路示意图

（1）梭拉光阑。

梭拉光阑是一组平行薄片光阑，由一列平行等距离的、平面与射线源焦线垂直的金属薄片组成，用来限制 X 射线在测角仪轴向方向的发散，使 X 射线束可以近似地看作仅在扫描圆平面上发散的发散束，通常安置在射线源与样品和样品与检测器之间。衍射仪的梭拉光阑的全发射角（2×薄片间距/薄片长度）为 3.50°左右。因此，轴向发散引起的衍射角测量误差较小，峰形畸变也较小，有较佳的峰形和衍射角分辨率。

（2）发散狭缝光阑 H。

光路系统通过发散狭缝光阑可控制入射线的能量和发散度，通过限制入射光束的宽度限定入射线在试样上的照射面积。

（3）接收狭缝光阑 G。

通过接收狭缝光阑控制衍射线进入计数器的能量，改变所能测得的衍射强度和角分辨率。

（4）防散射狭缝光阑 M。

防散射狭缝光阑使用时要确保它的宽度应稍大于衍射束的宽度，通过防散射狭缝光阑 M 可以挡住衍射线以外的寄生散射。用来防止一些附加散射（如狭缝光阑边缘的散射、光路上的其他附件散射等）进入检测器，有助于减低背景。

（5）晶体单色器。

晶体单色器的功能是消除 k_β 辐射以及由连续 X 射线、荧光 X 射线产生的背底。当试样产生的衍射线（一次衍射线）经光阑系统投射到单色器中的单晶体上时，通过调整单镜头的方位使它的某个高原子密度晶面与一次衍射线的夹角刚好等于该镜面对 k_α 辐射的布拉格角。这样，由单色器衍射后发出的二次衍射线就是纯净的与试样衍射线对应的 k_α 衍射线。通常在衍射线的光路上，安装弯曲晶体单色器，如图 3-7 所示。安装晶体单色器，同时要注意：晶体单色器能使衍射线产生偏振。因此，当在衍射束上加入晶体单色器时，衍射强度的偏振因子 $(1+\cos^2 2\theta)/2$ 应该改为 $(1+\cos^2 2\theta\cos^2 2\alpha)/2$，其中 2α 为晶体单色器的衍射角。

以上介绍了测角仪光路系统的主要部件，这些部件在组合过程中，还要保持一定的结构关系，如不同光栅之间的间距等，才能使整个光路系统保持高效。为此，整个光路系统还应满足：①发散、接收、防散射等各狭缝的中线、X 射线源焦线以及梭拉狭缝的平行箔片的法线均与衍射仪轴平行。高度的中点以及检测器的窗口中心、样品的中心、

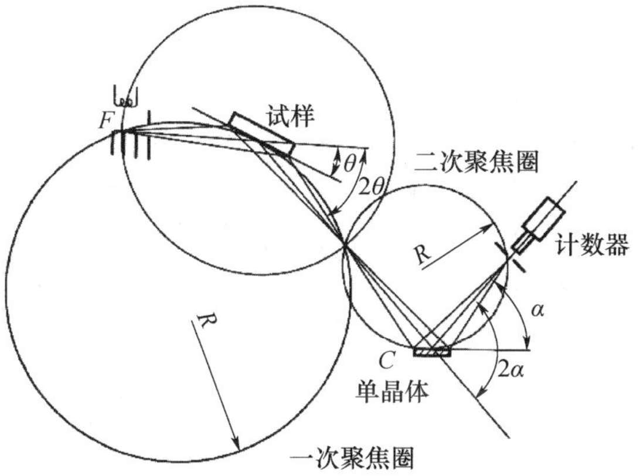

图 3-7　晶体单色器

滤波片的中心等均在衍射仪的扫描平面上。②X 射线源焦线到衍射仪轴的距离和衍射仪轴到接收狭缝中线的距离相等。③如图 3-5 所示样品表面平面以 O 轴转动，且与 O 轴重合。

3. 射线探测器

X 射线探测器是一种将 X 射线能量转换为可供记录的电信号的装置。它接收到射线照射，然后产生与辐射强度呈正比的电信号。探测器是基于 X 射线能使原子电离的原理而制造的，原子可以是气体（如正比计数器、盖革计数器）或固体（如闪烁计数器）。

（1）正比计数器。

正比计数器是指工作电压在正比区的充气计数器。正比计数器的结构通常由一个充气的圆筒形金属套管（作阴极）和一根与圆筒同轴的细金属丝（作阳极）构成，即计数管，如图 3-8 所示。在圆筒的窗口上盖有一层对 X 射线透明的材料（云母或铍片）。自窗口射入的 X 射线，基于气体电离，当工作电压超过饱和区工作电压时，核辐射在电离室中初级电离产生的离子，在强电场作用下加速运动的过程中多次与气体分子碰撞而产生次级电离，从而在外电路中产生电流脉冲。计数管中形成的电流脉冲的电荷瞬时加到电容器 C 上，经过连接在电容器上的脉冲速率计或定标器的探测后，再通过一个大电阻 R_L 漏掉。

计数管中的气体电离是形成电流脉冲的关键，那么计数管中的气体是如何进行电离的呢？计数管内，在电压达到 600～900V 高压时，射入计数管中的 X 射线的大部分能量就会被圆筒内部气体吸收，导致气体产生电离。在电场的作用下，正电荷向阴极运动，负电荷向阳极运动。所以，电离形成的电子向阳极丝运动，而带正电的离子则向阴极圆筒运动。电离时所产生的电子在向阳极丝运动的过程中会因为较高的电场强度而不断得到加速，电子的速度也就会越来越大。当这些运动加速的电子再与气体分子碰撞时，就会引起进一步的电离，如此反复。这样吸收一个 X 射线光子后，通过所谓“雪崩效应”可以实现电离的原子数，与电离室内电离的原子数相比，要多 10^3～10^5 倍。因此，只要有一个 X 射线光子进入计数管，就会产生一次电子雪崩，产生大量的电子涌到阳极丝，在这种情况下，在X射线足够强度的情况下，产生的大量电子雪崩就会在外电路中产生一个易于探测的电流脉冲。显然，当电压一定时，正比计数器所产生的脉冲大小与被吸收的X射线光子的能量呈正比。

正比计数器性能相对稳定，具有很多优点，如反应快、能量分辨率高、背底的脉冲极低、计数率极高，理想情况下，可以认为基本没有计数损失。但是容易受温度影响，具有温度敏感性，计数管对电压的稳定性要求较高。

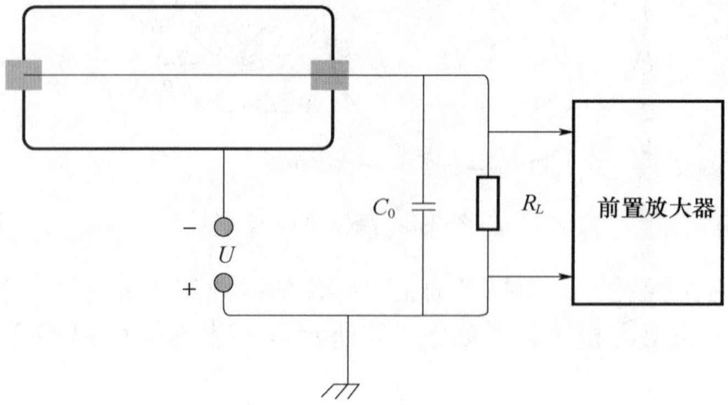

图3-8 圆柱形正比计数器的示意图

（2）盖革计数器。

盖革-米勒计数器也是气体电离探测器，是H. 盖革和P. 米勒在1928年根据射线能使气体电离的性能发明的。

盖革计数器核心部件是“盖革管”，其结构是在一根两端用绝缘物质密闭的金属管内充入稀薄气体，通常是掺加了卤素的稀有气体，如氦、氖、氩等，在沿管的轴线上安装有一根金属丝电极，并在金属管壁和金属丝电极之间加上略低于管内气体击穿电压的电压，管内没有射线穿过时，气体不放电。当有高速粒子射入管内时，粒子的能量使管内气体电离导电，在丝极与管壁之间产生迅速的气体放电现象，从而输出一个脉冲电流信号输入放大器，并由接于放大器输出端的计数器接受。计数器自动地记录下每个粒子飞入管内时的放电，由此可检测出粒子的数目。盖革计数器的气体放大倍数非常大，为10^8～10^9数量级，所产生的电压脉冲幅值可达1～10V。

盖革计数器和正比计数器原理基本类似，区别在于盖革计数器所加的电压更高。所以脉冲幅度大，灵敏度更高，但是不能快速计数。

（3）闪烁计数器。

闪烁计数器是指利用射线或粒子引起闪烁体发光并通过光电器件记录射线强度和能量的探测装置。正式的闪烁计数器是1947年由J. 科尔特曼和H. 卡尔曼发明的。闪烁计数器由闪烁体、光收集系统和光电器件三部分组成。由光电器件输出的电脉冲经过前级电子学系统（如放大、成形、甄别等）进入粒子数据获取系统，并进行数据处理和分析。

闪烁体材料是指受到射线照射时能够发光的物质，可以固体、液体和气体状态存在。常用的固态闪烁体分为无机闪烁体和有机闪烁体。前者是指掺入少量激活剂的无机晶体。常用的有硫化锌、碘化钠、碘化铯、锗酸铋、氟化钙和钨酸铅等，采用银或铊等分别作为激活剂。无机闪烁体的发光机制是射线将闪烁晶体价带中的电子激发到导带，退激发出荧光。后者一般是苯环碳氢化合物，其激发发光的机制是分子被激发后退激而发出荧光。用作气态闪烁体的气体通常是由某些高纯度的可发光的气体（如氙、氪、氩、氦等）和波长移位剂组成。射线或带电粒子进入气体闪烁体时，使气体分子激发，当这些被激发的分子退激时发射光子。

光收集系统是闪烁体与光探测器（光电器件）之间的连接部分，将闪烁体发出的光有效收集后，发给光电器件。为了达到尽可能多地收集光和使光分布均匀的目的，光收集系统的两侧分别与闪烁体光输出部分的形状和光探测器的光输入部分的形状相一致。对大部分无机闪烁体，因其折射率较大、不易与光探测器配合，故常使用氧化镁细粉或氧化铝细粉体等包裹闪烁体和光导，利用其漫反射以提高光收集效率。

光电器件主要指利用光电效应把光子流转换成电子流，并利用次级电子发射现象放大电子流的装置，主要是光电倍增管。光电倍增管是将微弱的光输入转化为光电子，并使光电子倍增的一种光电探测部件，如图 3-9 所示。

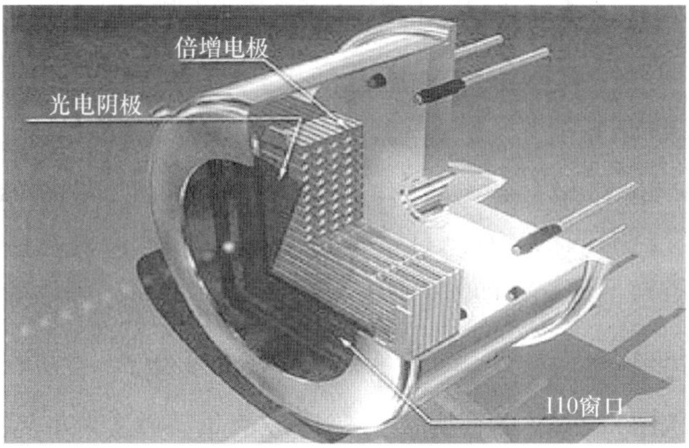

图 3-9　光电子倍增管结构

光电倍增管是由光窗、光电阴极、电子光学系统、电子倍增系统和阳极等组成的，共封在一个真空玻璃管内。其主要原理是当光照射到光阴极时，光阴极向真空中激发出光电子。这些光电子按聚焦极电场进入倍增系统，并通过进一步的二次发射得到倍增放大。然后把放大后的电子用阳极收集作为信号输出。因为采用了二次发射倍增系统，所以光电倍增管在探测紫外、可见和近红外区的辐射能量的光电探测器中，具有极高的灵敏度和极低的噪声。另外，光电倍增管还具有响应快速、成本低、阴极面积大等优点。下面以普通的 X 射线衍射仪为例，说明光电倍增原理。

普通的 X 射线衍射仪常用碘化钠单晶体和光电倍增管组成闪烁计数器，晶体吸收一个 X 射线光子，便在晶体中产生一个闪光，闪光射入光电倍增管的光敏阴极上激发出电子，光电倍增管内装有多个加速电子的联极，其后一个均较前面一个高出约 100V 的正电压，而最后一个则接到测量电路中。从光敏阴极上迸出的电子被吸往第一个联极，每一个电子又可从联极的金属表面上撞出两个电子；而每个到达第二个联极上的电子又可撞出两个电子，依此类推。一个电子可以倍增到 $10^6 \sim 10^7$ 个电子。这样，晶体吸收了一个 X 射线光子以后，便可在最后一个联极上收集到数目巨大的电子，从而产生一个大小与盖革脉冲同数量级的脉冲（达若干伏）。

闪烁计数器由于发光衰减时间短，分辨时间一般处于 10^{-5}s，是目前最快的粒子探测器之一。但是本底脉冲过高，存在所谓“热噪声”，即使在没有 X 射线入射时，也会产生“无照明电流”（或称暗电流）脉冲。

4. 数据处理分析系统

X 射线数据处理分析系统主要是指通过计算机技术，进行物相的自动检索匹配、定性分析等。进行数据分析时使用原始数据的一个拷贝，就可以对数据进行扣除本底、平滑、寻峰、定性分析等操作，对原始数据不做任何修改。而更深入的数据分析，可以参考相关软件的使用说明，包括晶粒大小的计算、晶格畸变等功能都可以借助软件方便得出结果。随着 X 射线分析软件的发展和完善，科研工作者多采用功能更加强大的单独软件进行数据分析，而不再借助 X 射线仪自带的数据分析系统。

3.3 X 射线衍射实验方法

3.3.1 样品的制备

一般 X 射线衍射仪都配有专用的塑料样品池、表面光滑的玻璃或铝制的样品板，板上开有窗孔或不穿透的凹槽，放入样品进行测试。XRD 衍射试样可以是金属、非金属的块体、片材或者粉末。当样品为不同状态时，制备观察样品的手段有所不同。

1. 粉末样品的制备

粉末样品进行 XRD 观察，样品制备流程比较简单。首先将样品粉末均匀地洒入玻璃样品板内，洒入量可以比玻璃板略高，然后将上表面抹平后，继续用玻璃片轻压，使样品足够紧密，粘附在玻璃板上直立不脱落为止。样品制备过程中要注意：①样品粉末应有一定的粒度要求，如果粒度太大，容易造成衍射强度低、峰形不好、分辨率低。如果样品太细，小于 100nm 以下，容易造成衍射峰宽化。一般情况下，粉末颗粒大小在 1～10μm 数量级，粉末需过 200～325 目筛子。样品若为粗粒或不规则块状，则需将样品粉碎磨细至 200 目（即过 200 目分样筛）。②制备样品时，压制过程中一般不加黏合剂，且压制完毕后要求表面光滑平整。粉末样品要求为 1～2g，如果样品量确实太少，也需 5mg。如果是样品量较少，可将样品用无水乙醇分散后，滴在微量样品板上，待乙醇挥发后进行测试。③压制过程中，所加压力不需过大，以使粉末粘牢样品玻璃板不会脱落为限，避免过大压力导致颗粒的择优取向。

2. 块状样品制备

块状样品进行 XRD 观察时，首先需要切割成合适的尺寸，对于块状、板状、圆柱状样品，面积一般不能小于 10mm×10mm，如果面积太小可以用几块粘贴在一起。然后针对观察面进行磨光、抛光处理后，采用橡皮泥或者石蜡将其固定在窗孔内，其平整表面必须与样品板平齐，注意表面不能引入应力层。对于片状、圆柱状样品，可能会存在较高的择优取向，衍射强度异常，给定性定量分析带来麻烦。因此，测试时应该合理选择相应的方向平面。

3. 特殊样品的制备

对于纤维样品的测试应该指出测试纤维的照射方向，是平行照射还是垂直照射，因为取向不同衍射强度也不相同。对于焊接材料，如断口、焊缝表面的衍射分析，要求断口相对平整，提供断口所含元素。如果一个断口照射面积小，则可用两个或三个断口拼起来。对于薄膜样品，需要特别注意薄膜的厚度。由于 XRD 分析中 X 射线的穿透能力较强，因此适合比较厚的薄膜样品的分析，对于比较薄的样品，可以采用掠入射方式进行测试，X 射线测量的膜厚度约 20nm。样品应该有较大的面积，薄膜比较平整，表面粗糙度小。此外，对于薄膜样品的底衬尺寸应小于通孔样品板的孔径，也可直接用胶带纸贴在样品板上测试。

3.3.2　实验参数选择

X 射线衍射仪的实验参数主要包括：靶材选择、管电压和管电流的选择、测角仪的狭缝宽度和扫描速度、计数率仪的时间参数、计数量程、走纸速度等。这些参数是影响实验精度、实验结果的重要因素。因此，要获得高质量的衍射图谱，通常需要根据不同情况设置合适的实验参数。

1. 阳极靶的选择

选择阳极靶时，一个重要的出发点就是要根据试样所含元素的种类来选择确定合适的靶材，将由于靶材产生的特征 X 射线激发的样品的荧光辐射尽量避免掉，以降低衍射花样的背底，使图样清晰。

一般情况下，通常使用 Cu 靶，但因 X 射线的波长与试样的吸收有关，见表 3-1，可根据试样的种类分别选用 Co、Fe 或 Cr 靶。此外，还可选用钼靶，这是由于 Mo 靶的特征 X 射线波长较短，穿透能力强，如果希望在低角处得到高指数晶面衍射峰，或为了减少吸收的影响等，均可选用钼靶。

表 3-1　靶材的使用范围

靶材	使用范围
铜	除黑色金属试样外的一般无机物、有机物
钴	黑色金属试样（强度高，背底高，最好计数器与单色器连用）
铁	黑色金属试样（缺点是靶的允许负荷小）
铬	黑色金属试样（强度低，但 P/B 大），应力测定
钼	测定钢铁试样或利用透射法测定吸收系数大的试样
钨	单晶的劳厄照相（也可以用 Mo 靶、Cu 靶，靶材原子序数越大，强度越高）

2. 管电压和管电流的选择

管电压的选择通常和靶材的激发电压有关。在实际操作过程中，管电压的大小通常需要根据穿透物体的材质、厚度等属性来确定。一般情况下，在确定靶材的前提下，管电压被设定为靶材临界激发电压的 3～5 倍。

管电流的一个选择原则就是功率不能超过 X 射线管额定功率。X 射线管经常使用的负荷为管电压和管电流的乘积，该负荷一般为最大允许负荷的 80%左右。

3. 测角仪狭缝光阑的选择

狭缝的大小对衍射强度和分辨率都有影响。较大尺寸的狭缝可以得到较大的衍射强度，但会降低分辨率。较小尺寸的狭缝可以提高分辨率但损失强度。总体来说，如果需要提高强度，就选大的狭缝，需要提高分辨率宜选小的狭缝。

选择发射狭缝时应以入射线的照射面积不超出试样的工作表面为原则。在照射宽度不超过试样宽度的情况下，发散狭缝的宽度越宽，X 射线的强度越强。通常使用 1°的发散狭缝。如果试样的衍射峰在 2°以下出现很多，应使用（1/2)°的发散狭缝。

防散射狭缝一般设置在样品与梭拉狭缝之间，它只影响衍射线的峰背比，狭缝大小尺寸的选择标准与发散狭缝相同。

接收狭缝宽度影响 XRD 衍射积分强度，几乎可以实现同倍数增长，但是宽接收狭缝同时会降低衍射峰的分辨率。尤其是当多条衍射峰相互重叠时，尽量不要使用过宽的接收狭缝。一般使用 0.3mm 的接收狭缝。

4. 测角仪的扫描速度

扫描速度是指计数管在测角仪圆上均匀转动的角速度，以°/min 表示。扫描速度会影响测试结果，在实际应用中可根据需要选用不同的扫描速度。一般情况下，为提高测量精度，尽可能采用慢扫描，在物相分析中常用的扫描速度为 10°/min 或 2°/min。

5. 时间常数和预置时间

连续扫描测量中采用的时间常数，是指计数率仪中脉冲平均电路对脉冲相应的快慢程度，是对衍射强度进行记录的时间间隔的长短。时间常数对测试结果的影响和扫描速率相似，增加时间常数容易导致衍射峰的不对称宽化。在实际测量中，为提高测量精度，尽可能采用较小的时间常数，一般物相分析中的时间常数为 1～4s。步进扫描中定标器一步之内的计数时间通常采用预置时间来表示，它的作用与时间常数相似，也有多种可供选择的方式。

6. 计数量程

量程是指记录纸在满刻度时的计数强度。一般物相分析中，选量程“×2”，定标衰减“×1”。

7. 走纸速度和角放大

计数管沿测角仪圆转动的同时，让自动记录仪中的记录纸做同步转动，此转动速度即为走纸速度。一般物相分析中，选择走纸速度为 300～400mm/h。

3.3.3　操作步骤

不同型号的 XRD 衍射仪的操作大同小异，典型的 XRD 衍射仪操作步骤如下。

1. 开机

（1）X 射线衍射仪运转时，需要通以冷却水，务必在闭合衍射仪的主机电源前打开循环水机，然后依次开启空气压缩机和仪器主机开关等。

（2）按下电源按钮启动仪器（高压显示 0kV、0mA，并等待仪器两臂摆动停止），衍射仪的工作电压通常为 30kV。在调节工作电压时要按照仪器操作规程循序进行，增加或减小工作电压和工作电流时均不能太快。

（3）启动计算机，打开测试程序。在测量软件中选择合适的测量参量，主要包括测量角度范围、步进角度和步进时间等。

（4）加装好试样架，选择合适大小的狭缝，关闭仪器的玻璃防护门。

（5）连接仪器，进行光管老化并设置电压和电流后进入测量模式。

2. 粉末物相测试

测量样品的物相时，要求样品的晶粒细小（粒径 10μm 左右），且没有择优取向。将样品充填在试样架的凹槽中压平实，要求样品表面和试样架表面平齐。

（1）放置被测样品。放样时，将样品中心对准样品台中心线。

（2）根据测试要求设置对应的实验参数，设置测试程序，然后建立或选择自己的目录，并设置文件名和样品名。

（3）开始测试，显示相应的角度和强度，测试过程中如需中止，可以单击工具栏的“STOP”按钮。

（4）测试完成。测试完成后打开仪器门取出样品，将数据导出后拷贝带走。

3. 关机

（1）降低仪器的工作电流和电压。先降电流，后降电压，将电流、电压降到 5mA、15kV（循序降低，每次降幅不宜过大）。

（2）断开计算机与仪器的连接，关闭软件。

（3）将仪器面板上的高压锁开关按逆时针方向转动 90°，关闭仪器高压。

（4）依次关闭仪器后方主机开关，关冷却循环水系统（在关闭高压锁开关后 30s～2min 内关闭冷却水），关闭空气压缩机。

3.3.4　X 射线的防护

X 射线会对人体组织造成伤害。一般情况下，因衍射分析用的 X 射线比医用 X 射线波长更长、穿透弱、吸收强，故危害更大。因此，X 射线衍射仪在使用过程中，一定要注意防护。

一般来说，直射 X 射线束的光路上，即使缝隙小于 1mm，也会有 X 射线漏出。因此，必须用重金属板将 X 射线光路完全屏蔽起来。X 射线衍射仪用各种铅的或含铅的制品（如铅板、铅玻璃、铅橡胶板等）或含重金属元素的制品，如高铅含量的防辐射有机玻璃等，屏蔽X射线。尽管如此，在具体的实验过程中，一定要尽量避免受到直射X射线束的照射。此外，在直射X射线行程附近的空间通常还会有散射X射线。尽管散射X射线的强度比直射X射线的强度小几个数量级，但在实际操作过程中，也需加以防护。

鉴于X射线的危害性，严重时可以危及生命，按照射线防护的规定，以下要求是必须遵守的。

（1）每个使用X射线的单位须向卫生防疫主管部门申办“放射性工作许可证”和“放射性工作人员证”，负责人需经过资格审查。

（2）X射线装置防护罩的泄漏射线须符合防护标准的限制：在距机壳表面外5cm处的任何位置，射线的空气吸收剂量率须小于2.5μGy/h（Gy，吸收剂量单位，也作戈瑞）。在使用X射线装置的地方，要有明确的警告标记，禁止闲人进入。

（3）X射线操作者必须使用防护用具。

（4）X射线操作者要具备射线防护知识。要定期接受射线职业健康检查，特别注意眼睛、皮肤、指甲和血象的检查，检查记录要建档保存。

（5）X射线操作者要佩戴辐照剂量测量工具，可允许的被辐照剂量当量标准定为一年不超过50mSv或三个月不超过30mSv（考虑全身被辐照的最坏情况而做的估算）。

3.4 X射线衍射技术在材料分析中的应用

X射线衍射技术具有无损和结构分析的优点，依赖X衍射图谱，可以开展物相定性和定量、结晶度、残留应力、晶粒尺寸、晶体层错以及织构等分析。目前已经广泛应用于各个领域的材料分析与研究工作中，成为材料研究和开发过程中的重要分析手段。随着XRD的应用和普及，X射线衍射技术的应用范围也在不断发展。

1. 物相鉴定

物相鉴定是指确定材料由哪些相组成和确定各组成相的含量，主要包括定性相分析和定量相分析。基于每种晶体由于其独特的结构都具有与之相对应的X射线衍射特征谱这一原理，将待测样品的衍射图谱和各种已知单相标准物质的衍射图谱对比，就可以定性确定物质的相组成。确定相组成后，根据各相衍射峰的强度正比于该组分含量（需要做吸收校正者除外），就可对各种组分进行定量分析。

2. 点阵参数的测定

点阵参数是物质的基本结构参数，测定点阵参数在研究固态相变、确定固溶体类型、测定固溶体溶解度曲线、测定热膨胀系数等方面都得到了应用。X射线粉末衍射技术给精确确定点阵参数提供了一个途径。采用XRD测量点阵参数的步骤基本包括：①按照衍射花样，求出某一个晶面（hkl）的衍射线的布拉格角θ；②通过布拉格方程求出面间距d_{hkl}；③根据晶面间距的公式计算点阵参数；④通过外推，如图解法或者最小二乘法，消除系统误差，得到晶体精确的点阵参数。

3. 微观应力的测定

微观应力是指由于形变、相变、多相物质的膨胀等因素引起的存在于材料内各晶粒之间或晶粒之中的微区应力。如果在晶体内部存在微观应力，当一束 X 射线入射到具有微观应力的样品上时，获得的衍射线线宽相对于没有应力状态下的衍射线线宽要大，即材料的微观残余应力可以引起衍射线线形宽化。因此，可以采用衍射线的半高宽即衍射线最大强度 1/2 处的宽度来描述微观残余应力的大小。

4. 晶粒尺寸确定

随着纳米科技的发展，纳米材料越来越得到科技研究者的关注。纳米材料的颗粒度是影响纳米材料性能的重要因素，因此，在实际纳米材料研究中，常常需要鉴定纳米材料的粒度尺寸。相比于通常的粒度分析仪，采用 X 射线衍射技术可以相对准确地测定纳米粒子的平均粒径。采用 X 射线衍射线线宽法确定晶粒尺寸的方法称为谢乐法。谢乐法测定微晶尺度的原理主要是依据下述公式

$$D=0.89\lambda/\beta_{hkl}\cos\theta \tag{3-2}$$

式中，D 为微晶尺寸；λ 为 X 射线波长；β_{hkl} 为衍射线半高峰宽处因晶粒细化引起的宽化度。测定过程中选取多条低角度（$2\theta\leqslant 50°$）X 射线衍射线计算纳米粒子的平均粒径。

5. 结晶度

结晶度的测定主要是根据结晶相的衍射图谱面积与非晶相图谱面积的比计算得到，在测定时必须把晶相、非晶相及背景不相干散射分离开来。基本公式为

$$X_c=I_c/(I_c+KI_a) \tag{3-3}$$

式中，X_c 为结晶度；I_c 为晶相散射强度；I_a 为非晶相散射强度；K 为单位质量样品中晶相与非晶相散射系数之比。计算过程中的分峰法主要有几何分峰法、函数分峰法等。

6. 晶体取向及织构的测定

晶体取向的测定又称为单晶定向。一般用劳埃法单晶定向，其根据是底片上劳埃斑点转换的极射赤面投影与样品外坐标轴的极射赤面投影之间的位置关系。测试过程中，多采用背射劳埃法，因为相对于透射劳埃法，背射劳埃法就无须特别制备样品，样品厚度大小等也不受限制。采用 X 射线衍射技术针对多晶材料的织构进行表征时，可以根据织构的类型进行相应的方法选择。例如，对于丝织构，可用照相法和衍射仪法确定其丝轴指数，而板织构则需要采用衍射仪测定两个指数来表示。

本章随后将安排具体的实验来帮助读者了解上述 X 射线衍射技术的应用以及相应的分析流程。

实验一 X 射线物相的定性分析

[实验目的]

(1) 掌握 X 射线衍射物相的定性分析原理、方法和步骤；掌握 X 射线衍射分析软

件 Jade 的基本操作。

（2）熟悉 PDF 卡片，利用 PDF 卡片进行物相检索和鉴定。

（3）针对给定实验样品，设计实验方案，确定物相，并分析鉴定结果。

［实验器材］

本实验使用的仪器是 X 射线衍射仪。具体参数选择包括阳极靶的选择、扫描范围的确定、管电压和管电流的选择、发散狭缝的选择、接收狭缝的选择、滤波片的选择、扫描速度的确定，根据具体要求选择好参数后，即可进行实验。

［样品制备］

X 射线衍射分析的常见样品主要有粉末样品、块状样品、薄膜样品、纤维样品等。本实验主要采用粉末或者块状样品。

（1）粉末样品。

采用玛瑙研钵，将试样粉体研细。然后，将研磨好的粉体放到粉末样品架中。

（2）块状样品。

先将块状样品表面研磨抛光，大小不超过 20mm×18mm，然后用橡皮泥将样品粘在铝样品支架上，要求样品表面与铝样品支架表面平齐。

［分析步骤与方法］

（1）获得待测试样的衍射花样（衍射谱），进行平滑降噪等简单的处理。

（2）获得衍射线对应的晶面间距 d 及相对强度 I/I_0 的数值。

（3）在 X 射线卡片库进行检索，确定卡片号。

（4）对照卡片全谱，判断物相。

［实验记录及报告］

（1）借助索引及卡片对给定实验数据进行物相检索分析，判定物相名称（卡片号）。根据提供的试样数据，按步骤进行物相的定性分析。

（2）简述实验过程。

（3）说明物相鉴定的依据，多相样品的定性分析中存在哪些困难。

［实验原理］

1. 物相定性分析原理

物相定性分析就是将未知物的衍射实验结果，经过去伪存真后，获得一套可靠的 $d-I/I_1$ 数据后，与已知物相的 I/I_1 相对照（即与 PDF 卡片检索、对照），再依照晶体和衍射的理论对结晶物质的所属物相进行判断。

2. PDF 卡片

所谓的 PDF 卡片，就是利用每个已知物相的 $d-I/I_1$ 数据制成的一张卡片。一张 PDF 卡片包含一种物相的各种晶体学、化学、光学等性质，是物性分析的重要对照工具。到目前为止，已测量了大约 290000 种物相的 I/I_1 数据。若待测物是在已知物相的范围之内，将其衍射数据和 PDF 卡片对照，就可以确定物相。每张 PDF 卡片的结构如下：

（1）卡片索引。

为了快速找到所需卡片，每个卡片编辑了卡片索引，主要有字母索引和数值索引两大类。字母索引是按物质化学元素英文名称的第一个字母顺序排列的；数字索引以衍射线的值为检索依据，现代衍射仪都使用电子版的 PDF 卡片。

（2）PDF 卡片上陈列数据。

PDF 卡片一般包括六栏数据：

第一栏：卡片号和数据来源。卡片号由组号（01～99）和组内编号（0001～9999）组成。例如，PDF4 卡片号由三组数据构成，即在前面再加上一个两位数。这样，数据库可容纳更多的卡片。数据来源是指卡片数据是由实验测得还是通过计算得来的。

第二栏：物相的化学组成、化学名称和矿物名称。

第三栏：测量条件和 RIR 值（参比强度比）以及数据引源（Ref=…）。

第四栏：晶体结构和晶体学数据。

第五栏：8 强线数据。即该物相衍射谱中最强的 8 条线位置和相对强度。

第六栏：衍射谱图或样品描述。PDF 卡片第二页的内容包括在测量范围内的每条衍射线的角度（2θ）、面间距 d(A)、相对强度 I(f) 和衍射面指数（hkl）。

3. PDF 卡片检索方法

现代 X 射线衍射系统都配备有自动检索系统，通过图形对比方式检索样品中的物相，如 MDI Jade、EVA 软件等。PDF 卡片检索的步骤包括：

（1）给出检索条件。检索条件主要包括检索子库、样品中可能存在的元素等。PDF 卡片按物质的种类，可以分为无机物、矿物、合金、陶瓷、水泥、有机物等多个子数据库；检索时，可以通过样品的种类，确定检索子库以减小工作量。在 PDF 卡片检索时，也可以选择可能存在的元素，以缩小元素检索范围。其他检索条件，包括 PDF 卡片号、样品颜色、文献出处等十几种辅助检索条件。

（2）计算机按照给定的检索条件对衍射线位置（角度）和强度进行匹配，计算匹配品质因数（FOM）。匹配品质因数的定义：完全匹配时，FOM＝0；完全不匹配时，FOM＝100。将匹配品质因数最小的前 100 种物相列成一个表。

（3）操作者观察列表中各种物相（PDF 卡片）与实测 X 射线谱的匹配情况做出判断。检定出一定存在的物相。

一般来说，判断一个物相是否存在，需要满足三个条件：①PDF 卡片中的峰位与测量谱的峰位是否匹配；②卡片的峰强比与样品峰的峰强比要基本相同；③检索出来的物相包含的元素在样品中必须存在。

实验二　X 射线物相的定量分析

【实验目的】

（1）掌握多相样品 X 射线衍射强度与物相含量的关系。

（2）熟悉 X 射线衍射法测量多相材料的实验方法。

［实验器材］

本实验使用的仪器是X射线衍射仪、Jade软件。

［实验步骤及方法］

可以在市场上购买任意不相互发生化学反应的结晶物质，按照一定比例混合后进行实验。本实验以ZnO和$CaCO_3$为例，按照直接对比法定量确定ZnO和$CaCO_3$混合物中各相的含量，具体实验步骤说明如下：①市购ZnO和$CaCO_3$粉末试剂，按质量分数比1∶1的比例称量，混合均匀作为待测样品。②用慢速扫描，测量X射线衍射谱。③通过Jade软件鉴定物相。④选择两相的最强峰或者主要峰（相对强度大于80%）进行拟合，得到两相衍射强度的准确数据。⑤选择菜单命令计算相关结果。

［实验记录及报告］

（1）X射线物相的定量分析原理、方法和步骤。

（2）针对实验样品做好物相鉴定，并在此基础上，采用不同的定量分析方法测量出各相的含量，分析不同分析方法之间的差别和误差比较。

（3）分析影响实际样品的衍射强度的可能因素，并选择确定一种定量分析方法，研究某个因素对定量分析的影响及其误差出现的原因。

（4）了解定量分析的使用价值和应用范围。

［实验原理］

设有多相样品含有N个相，第j相参与衍射的体积为V_j，当使用衍射仪测量时，第j相某条（hkl）线的衍射强度为

$$I_j = CK_j \frac{V_j}{2\mu} \tag{3-4}$$

式中，μ为被测样品的线吸收系数。其中

$$C = \frac{1}{2} \cdot \frac{1}{32\pi R} I_0 \cdot \frac{e^4}{2m^2 c} \tag{3-5}$$

$$K_j = \frac{1}{V_0^2} F_{hkl}^2 P_{hkl} \frac{1+\cos^2 2\theta}{\sin^2\theta\cos\theta} e^{-2M} \tag{3-6}$$

$$V_j = \frac{w_j \rho}{\rho_j} \tag{3-7}$$

根据

$$\mu = \rho\mu_m = \rho \sum_{j=1}^{n} w_j \ (\mu_m)_j \tag{3-8}$$

因此，强度公式可以改写为

$$I_j = CK_j \frac{w_j}{2\rho_j \sum_{j=1}^{n} w_j (\mu_m)_j} = CK_j \frac{w_j}{2\rho_j \mu_m} \tag{3-9}$$

上式是定量相分析所依据的最基本的关系式。式中μ_m是样品的质量吸收系数，其数

值与样品的组成有关。对于待测样品，在一般情况下它是未知的，这就是定量相分析的困难所在。围绕解决 μ_m 的各种途径，产生了各种定量相分析的方法。常用的方法简介如下。

1. K 值法

K 值法的实质是由内标法发展而来的。待测试样中含有 N 个相，需要测出其中 j 相的含量，向待测样品中加入一定量的内标物质 s（样品中不含 s 相），使待测样品成为一个含（$N+1$）相的混合样。w'_j 为 j 相在混合样中的质量分数，w_s 为内标物质的质量分数。对于 j 相和 s 相可分别写出方程：

$$I_j = CK_j \frac{w'_j}{2\rho_j \sum_{j=1}^{n} w_j (\mu_m)_j} \tag{3-10}$$

$$I_s = CK_s \frac{w_s}{2\rho_s \sum_{j=1}^{n} w_j (\mu_m)_j} \tag{3-11}$$

由上式可得

$$\frac{I_j}{I_s} = K_s^j \frac{w'_j}{w_s} \tag{3-12}$$

K_s^j 为 j 相的 K 值，它与待测相和内标相的密度、辐射波长、被测衍射峰（hkl）的 2θ 角有关，与相的含量无关。若加入内标物质的质量分数和 j 相的 K 值已知，则可利用上式求得被测相 j 在混合物中的质量分数，进而求得待测样品中 j 相的质量分数 $w_j = w'_j(1-w_s)$。

上述方法还可以进一步简化为参比强度法。JCPDF 协会约定统一用刚玉（α-Al_2O_3）为标准物质，测量物相最强衍射强度 I 与刚玉最强衍射强度 I_{col} 之比为参考比强度，并在该物相的 PDF 卡片上进行登记。目前已有约 5000 种物相登记了 I/I_{col}，这种比强度称为该物相对于标准物相刚玉的 K 值（或 RIR 值），若已知某两相 A 和 B 的参比强度 $K^A_{\alpha\text{-}Al_2O_3}$ 和 $K^B_{\alpha\text{-}Al_2O_3}$，则可换算成 A 相相对于 B 相（以 B 为标准物相）的 K 值

$$K_B^A = \frac{K^A_{\alpha-Al_2O_3}}{K^B_{\alpha-Al_2O_3}} \tag{3-13}$$

2. 直接对比法

在一个含有 N 相且无非晶相的多相体系中，若全部为已知相，且每一个相的 K 值（RIR）均为已知，测量出每一个相的衍射强度，并选定其中的某相 i 作为内标相，可列出 $N-1$ 个方程

$$\frac{I_j}{I_i} = K_i^j \frac{w_j}{w_i} \quad (j=1，2，3，\cdots，n-1，j \neq S) \tag{3-14}$$

由于

$$\sum_{j=1}^{N} w_j = 1 \tag{3-15}$$

因此，可求出每个相的质量分数

$$w_j = \frac{I_j}{K_i^j \sum_{i=1}^{N} \frac{I_j}{K_i^j}} \tag{3-16}$$

这就是直接对比法的定量方程。

3. 单线条法

将所测物相的纯相物质单独标定，通过测量混合物样品中欲测相 j 的某根衍射线条的强度和纯 j 相的同一根线条强度比较，即可以定出相 j 在混合样品中的相对含量。如果混合物中含有 n 个相，其吸收系数和密度均相等，某相的衍射强度 I_j 将正比于其质量分数 w_j

$$I_j = Cw_j \tag{3-17}$$

上式中，对于纯 j 相，则 $w_j=1$，此时，j 相用以测量的某个衍射线的强度将变为 $(I_j)_0$。因此，有

$$\frac{I_j}{(I_j)_0} = \frac{Cw_j}{C} = w_j \tag{3-18}$$

上式表明：混合样品 j 中与纯 j 相的同一根衍射线条的强度比值等于 j 相的质量分数。

4. 内标法

前述 K 值法实质是内标法的简化法。相对于 K 值法，内标法是传统的定量分析方法。在样品中混入一定量的已知物质，测定已知物质和被测物相的衍射强度，以其强度比作图，可得样品的平均质量吸收系数的变化值。在 xg 样品中加入 yg 内标样（已知），则混合样品中的内标物质和被检相（即 J 相）的质量分数分别为 $y/(x+y)$ 和 $xw_j/(x+y)$。若以 I_j 和 I_s 分别表示 j 相和内标物质 s 的衍射线强度，可得

$$I_j = K_j \frac{xw_j}{x+y} / \left(\frac{\overline{\mu}}{\rho}\right) \tag{3-19}$$

$$I_s = K_s \frac{y}{x+y} / \left(\frac{\overline{\mu}}{\rho}\right) \tag{3-20}$$

$$\frac{I_j}{I_s} = K_{js} \frac{x}{y} \cdot \overleftarrow{w_j} \tag{3-21}$$

上式中

$$K_{js} = K_j / K_s \tag{3-22}$$

该式表明，在待测样品中加入一定比例的内标物质时，被测相的浓度 w_j 与衍射线强度比 I_j/I_s 呈线性关系，与待测样品的平均线吸收系数变化无关。若以这种方法作出定标曲线，则在被测样品中每次以一定的比例加入标样，以此法计算两衍射线的强度比，作出一系列对应的检量线，就可以进行定量计算。

实验三　点阵常数的精确测量

[实验目的]

（1）掌握精确测量物相点阵常数的实验方法及基本步骤。

（2）通过具体数据分析，掌握 X 射线衍射法测量点阵常数的主要实验误差来源。

[实验器材]

本实验使用的仪器是 X 射线衍射仪、Jade 分析软件。

[实验步骤和方法]

参考实验操作步骤：

（1）采用步进扫描方式扫描，参考的实验条件：扫描范围 $2\theta=35°\sim140°$，步进宽度为 0.02°，步进时间为 1s，狭缝系统为 0.15°，发散狭缝为 0.15°，0.3mm。获得样品衍射谱线。

（2）进入 Jade，打开数据文件。

（3）检索物相，扣除背景和 $K\alpha_2$，平滑。

（4）获得各个衍射峰准确的衍射角：选择合适的峰形函数，对图谱反复进行拟合，直到拟合误差 R 值不再变小，一般 R 值小于 9%。

（5）晶胞精修：选择 Options-Cell Refinement。单击软件中的“Refine”按钮，软件自动进行晶胞参数的校正处理，得到精确的晶胞参数 $a=4.05852$Å（0.405852nm）。

［实验记录和报告］

（1）撰写实验原理和实验步骤。

（2）任意选择一种单相样品作为待测试样，按实验步骤完成实验数据的扫描和点阵常数的精修，得出待测样品的晶胞参数。

（3）分析点阵常数精确测量的误差来源及消除办法。

［实验原理］

采用 XRD 衍射技术计算晶格常数的基本原理：通过测量获得衍射图谱，然后根据图谱中衍射峰的角位置 2θ 和布拉格公式算出面间距 d，再根据各峰的指数（hkl）和面间距公式计算点阵常数。

按照上述原理，如果要精确测定晶胞参数，就必须精确测量晶面间距。因此，精确计算晶格常数前首先要对晶面间距测定中的系统误差进行分析。按照布拉格公式，晶面间距 d 的测定准确度取决于衍射角的测定准确度。

（1）$\Delta\theta$ 与 Δd 的关系。

为求取 $\Delta\theta$ 与 Δd 的关系，首先将布拉格方程微分可以得到

$$\frac{\Delta d}{d}=-\Delta\theta\cot\theta \tag{3-23}$$

从上式可见，对于在较高角度下产生的衍射，同样大小的 $\Delta\theta$ 值引起的 Δd 值较小，当 θ 接近 90°时，由 $\Delta\theta$ 产生的 Δd 也趋于零；另一方面，较高角度衍射的衍射角对晶体 d 值的变化或差异更加敏感。所以，为了精确测量晶胞参数或者比较结构参数的差异或变化，原则上都应该尽可能使用高角度衍射线的数据。

（2）测量系统的系统误差。

衍射角测定中，系统误差的来源一般包括：①物理因素带来的误差，如 X 射线折射的影响及波长色散的影响等；②测量方法的几何因素产生的误差。前者仅在极高精确度的测定中才需要考虑，而后者可以通过校正消除。一般情况下，对于尖锐并且明显的衍射线有很好的精度，多晶衍射仪的 θ 角测定值可以达到 ±0.01°的水平。衍射角测量的系统误差很复杂，具体操作可以通过采用标准物质以及外推法进行校正和计算。下面分别介绍：

① 标准物质法

所谓的标准物质是指晶胞参数都已经被十分精确地测定过，可以作为“标准”的物

质。测量时，将这些物质掺入被测样品中制成试片，应用它已知的精确衍射角数据和测量得到的实验数据进行比较，便可求得扫描范围内不同衍射角区域中的 2θ 校正值。这种方法简便易行，通用性强，但其缺点是不能获得比标准物质更准确的数据。

② 外推法

其主要原理：大多数引起误差的因素在 θ 趋向 90°时，其影响都趋向于零。可以通过解析或作图的方法外推求出接近 90°时的数据，从而利用它计算得到晶胞参数值。

实验四　X 射线 Rietveld 精修

[实验目的]

1. 熟悉 Rietveld 精修方法的原理和判据。
2. 采用 Rietveld 方法测定和精修晶体结构。

[实验步骤与实例]

采用 Zn 掺杂 Al_3Zr 结构进行实验。多晶衍射测定晶体结构及其精修步骤示意图，如图 3-10 所示。

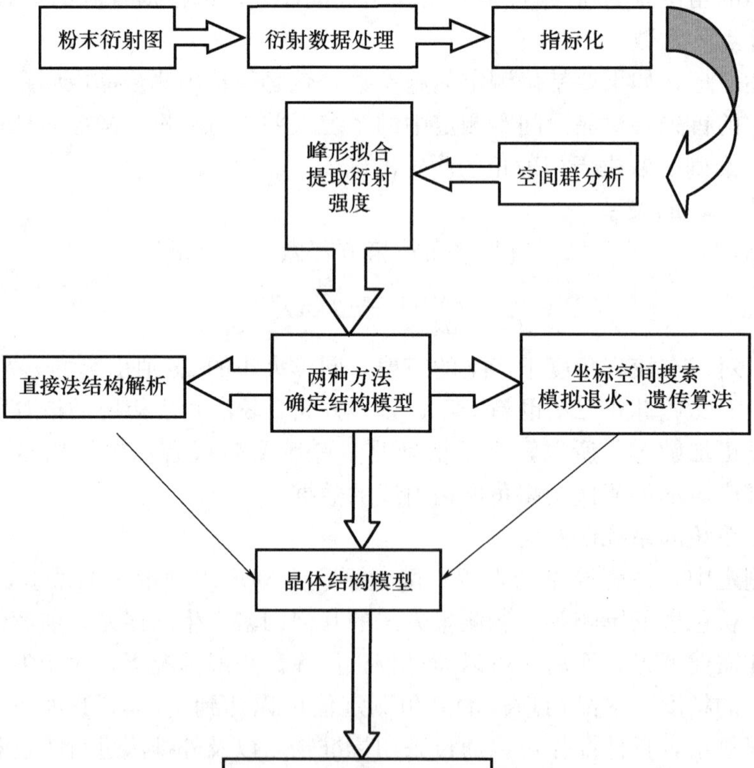

图 3-10　多晶衍射测定晶体结构及其精修步骤示意图

实例：采用 Rietveld 全谱拟合法对 Zn 掺杂 Al_3Zr 结构进行精修。首先采用衍射仪对 Zn-Al-Zr 进行扫描。利用配有能谱仪（EDS QXFORD UNVA）的扫描电子显微镜（SEM-AJSM-6360LV）对试样的显微组织和成分进行分析。

（1）采用铜靶 K_α 辐射（λ＝0.15418nm），工作电压为 50kV，工作电流为 100mA。数据采集方式为连续扫描方式，角度范围为 10°～140°，步长为 0.02°对 Zn-Al-Zr 合金进行 X 射线衍射扫描，得到高质量衍射图谱。

（2）对 Zn-Al-Zr 合金进行能谱分析，初步确定合金成分。

（3）结合（1）和（2）对衍射数据进行初步的处理，确定物相衍射线即进行衍射图谱的指标化。

（4）测定 Zn-Al-Zr 合金的点阵常数、计算晶胞中所含有的原子数量、根据消光规律和物理性能分析得到待测物相所属的空间群。

（5）确定所分析 Zn-Al-Zr 合金的化学式。

对于多晶衍射来说，由于衍射数据较少，想要确定晶体内各原子的具体位置，大多数情况下只能采用经验方法。例如，同构法，其原理是当未知结构化合物的晶格常数、空间群、和理想化合式被确定之后，根据化合式的原子比例、物理、化学性能等，在晶体结构数据库中查找相似的同构型化合物。傅里叶差值法，即在晶体结构中大部分原子位置已经被确定的情况下，采用此法测定其他原子的位置。还可以通过经验预先假定一个结构模型，使通过该模型计算出的衍射强度与实测强度相符合从而确定原子位置。

[实验报告要求]

（1）对 Zn-Al-Zr 的衍射谱进行分析处理和数据指标化并给出指标化结果。

（2）通过 Rietveld 精修，给出 Pm-3m 空间群的精修结果。

[实验原理]

Rietveld 在 1967 年根据多晶中子衍射数据，提出可以采用全谱衍射峰形拟合法修正晶体结构，解决了粉末衍射由于衍射峰的重叠而造成衍射数据损失的问题。1977 年 Rietveld 法开始应用于 X 射线粉末衍射。

多晶衍射谱可以看作是以步长为间隔的衍射角与对应的衍射强度组成的 $2\theta_i - Y_{oi}$ 数据列。在给定一个大致正确的初始晶体结构的基础上，选择合适的峰形函数及仪器参数、背景函数等通过理论计算对应的 $2\theta_i$ 下的强度值 Y_{ci} 并与实验值 Y_{oi} 相比较，采用最小二乘法不断调整各参数，使计算值与实验值的差值 M 最小。最终得到一个修正后的结构。其中 Y_{ci} 可表示为

$$Y_{ci} = S\sum_k L_k \left|F_k\right|^2 G_{ki}(2\theta_i - 2\theta_k) P_k A^*(\theta) + Y_{bi} \tag{3-24}$$

式中，S 为标度因子；L_k 为洛伦兹因子、偏振因子和多重性因子的乘积；F_k 为（HKL）衍射的结构因子；G_{ki} 表示峰形函数；$A^*(\theta)$ 为试样的吸收系数的倒数；P_k 为择优取向函数；Y_{bi} 为背景强度。

差值 M 的计算公式为

$$M = \sum_i W_i (Y_{oi} - Y_{ci})^2 \tag{3-25}$$

式中，W_i 为基于统计的权重因子；令Y_{lim}为最低强度值的 4 倍，当 $Y_{oi} > Y_{lim}$时，$W_i = 1/Y_{oi}$；当 $Y_{oi} \leqslant Y_{lim}$时，$W_i = 1/Y_{lim}$。

Rietveld 精修的最小二乘循环过程中，需要建立一组含有计算强度 Y_{ci} 且对每个可调参数求导数的非线性方程组。因差值函数是非线性的，故要通过迭代法求解方程，将计算得到的位移量加到初始参数中，产生一个拟合得更好的改进模型，如此循环往复。

Rietveld 法需要修正的参数总体上可以分为结构参数和峰形参数两类。结构参数有原子坐标、原子的占有率、温度因子、晶格常数等。峰形参数有背景参数、峰宽参数、择优取向参数、不对称参数、样品的零位误差与位移误差的校正、由晶粒尺寸和微应变引起的衍射峰宽化校正等。在精修时总体上遵循先分步精修再整体精修、先进行线性参数精修再进行非线性参数精修、先进行高稳定性参数精修再进行不稳定性参数精修的原则；当然，在具体操作的过程中没有固定的顺序可参照，精修顺序需要根据每一轮的修正结果来调整。Rietveld 全谱拟合法的一般策略如下：

（1）分步精修，先修正峰形参数再修正结构参数。在拟合的过程中应逐步地增加修正的参数数量，避免在精修的初期对多个参数同时进行修正。

（2）添加限制条件，如从相关晶体结构收集到的原子基团的几何信息等都可以作为限制条件。几何信息包含了典型的键长和键角，运用得当可显著提高晶体结构的修正能力。

（3）可以采用多套不同来源的衍射数据进行精修，以便得到更加准确和可靠的晶体结构信息。例如，可以利用中子衍射在修正原子温度因子方面具有的优势，进行佐证。

最后，在应用过程中，应注意 Rietveld 法只能用于结构的修正，而不能用于结构的解析。

本章实验习题

（1）请设计实验和观察流程，选择金属材料，针对材料塑性变形后的残余应力进行表征，同时结合不同热处理条件，通过实验表征，分析外界条件改变对残余应力的影响规律。同时结合材料科学基础中的相关知识，对实验现象进行有效分析。

（2）请设计实验和观察流程，采用 XRD 技术，结合扫描或者透射电镜，实现对晶体堆垛层错的分析和观察。

（3）请设计实验和观察流程，采用 XRD 技术，实现测量晶体材料的晶面间距。

（4）请设计实验和观察流程，采用具有一定织构的样品，采用 XRD 技术，实现对织构的表征和相关基础分析。

（5）请设计实验和观察流程，采用 XRD 技术，实现对非晶的表征，并讨论 XRD 表征技术对于判断非晶的价值。

第 4 章　金相显微镜

了解金相显微镜，首先要知道金相分析的定义。金相分析指通过光学显微镜对铁钢试样的二维磨面或薄膜进行显微组织的观察测量和计算，从而确定合金组织的三维空间形貌，建立合金成分、组织和性能间的定量关系。金相分析技术一般用于金属材料研究。随着金属材料研究的不断深入和发展，金相分析技术逐渐演变成一门学科——金相学。

金相学是指借助光学（金相）显微镜和体视显微镜等对材料显微组织、低倍组织和断口组织等进行分析研究和表征的材料学科分支，既包含材料显微组织的成像及其定性、定量表征，也包含必要的样品制备、准备和取样方法。其主要反映和表征构成材料的相和组织组成物、晶粒（也包括可能存在的亚晶）、非金属夹杂物乃至某些晶体缺陷（如位错）的数量、形貌、大小、分布、取向、空间排布状态等。

从金相分析和金相学的定义很容易了解，在金相分析过程中，重要的使用仪器就是光学显微镜，由于它是金相分析的重要支撑设备，因此常常也称为金相显微镜，金相显微镜本质是光学显微镜。

4.1　金相显微镜概述

典型的金相显微镜如图 4-1 所示，在图中给出了金相显微镜的实物照片，也给出了各部件结构说明示意图。光学显微镜镜体的具体部件包括目镜、物镜、粗调焦螺旋、细调焦螺旋、压片夹、通光孔、遮光器、转换器、反光镜、载物台、镜臂、镜筒、镜座、聚光器、光阑等。熟悉和掌握金相显微镜的机械结构、原理及其用途，是提高金相检验质量、工作效率、合理使用和维护保养工作的重要条件。

金相显微镜从结构上主要包括三部分：①第一部分是照明系统；②第二部分是光学系统，照明及光学系统包括光源、明视场照明、视场照明、变压器、视场光阑和孔径光阑等，用于提供照射样品的光和试样观察成像；③第三部分是机械系统，配合光学系统的机械传动部分，如调焦等部件。照明和光学系统的质量好坏紧紧依赖机械系统的灵活配合和精度。只有精密的机械结构才能确保照明和光学系统实现优质的效果。因此，一台性能良好的金相显微镜，不仅需要高精度的照明和光学零件，更需要精密机械零件。

1. 照明系统

显微镜的照明系统一般装在显微镜镜台下方，通常包括光源、聚光器、视场光阑、孔径光阑及反光镜，如图 4-2 所示。

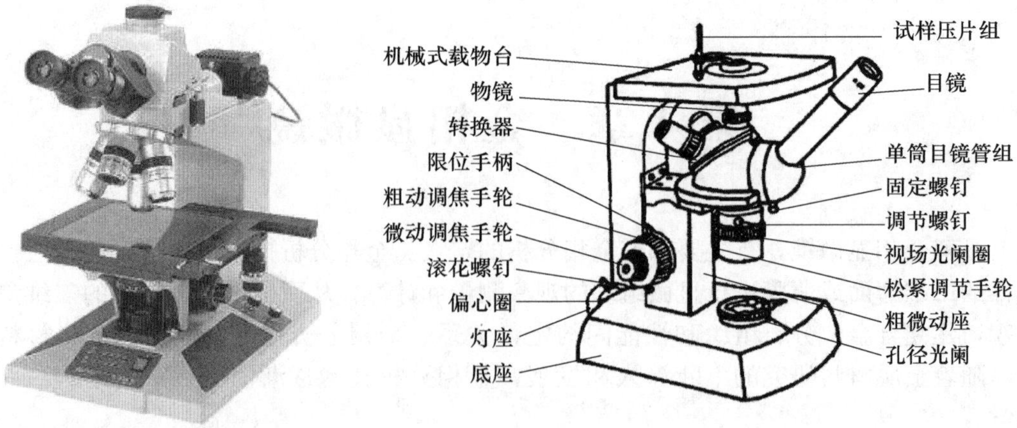

(a) 实物照片　　　　　　　　　　　　(b) 结构说明

图 4-1　倒置金相显微镜

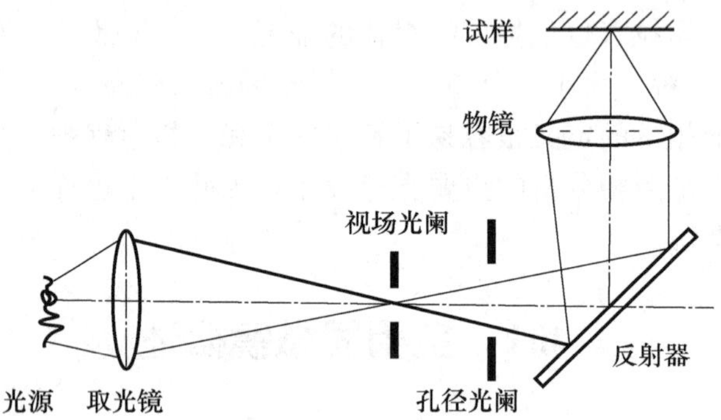

图 4-2　临界照明原理图

（1）光源。

显微镜的照明可以用天然光源或人工光源。天然光源光线来自天空，最好是由白云反射来的。不可利用直接照来的太阳光。常用的人工光源有显微镜灯、日光灯等。金相显微镜的光源通常采用钨丝白炽灯、卤素灯、碳弧灯及氙灯等。

（2）聚光器。

聚光器位于镜台下方的聚光器架上，由聚光镜和光圈组成，前者可以实现汇聚光线的作用，调节视野中光亮度的强弱；后者可以调节光量。两者共同作用可以把光线集中到所要观察的试样上。

（3）反光镜。

反光镜安装在镜座上面，可向任意方向转动，它有平、凹两面，凹面镜聚光作用强，适于光线较弱时使用，平面镜聚光作用弱，适于光线较强时使用。其作用是将光源光线反射到聚光器上，再经通光孔照明试样。

（4）孔径光阑。

孔径光阑的作用能够控制入射光束的粗细，以保证物像达到清晰的程度。

（5）视场光阑。

视场光阑的作用是控制现场范围，使目镜中视场明亮而无阴影。通常设在物镜支架下面，在刻有直纹的套圈上还有两个调节螺钉，用来调整光阑中心。这样的组成可以使试样表面获得充分、均匀的照明。

光源由于集光透镜的位置不同，会导致光程中集光情况不同，进而可以得到不同的照明效果。显微镜的照明方法主要有临界照明、科勒照明、散光照明、平行光照明等，如图 4-2 所示主要指临界照明。临界照明的特点是光源的像通过聚光透镜首先聚焦在视场光阑上，然后与视场光阑的像一起聚焦在试样表面。临界照明可以得到最高的亮度，但要求光源具有非常均匀的辐射表面（如点光源），否则在视场中会看到光源的放大影像，不利于观察显微组织细节和显微照相。目前，新型金相显微镜都采用科勒照明，其特点是光源的像通过聚光透镜首先聚焦在孔径光阑上，然后与孔径光阑的像一起聚焦在物镜的后焦面，如图 4-3 所示。使用科勒照明可以使物镜的后焦面得到充分的照明，从而最大限度地发挥物镜的分辨率；另外它还可以使视场得到非常均匀的照明，对光源的均匀性要求也不像临界照明时那样严格。

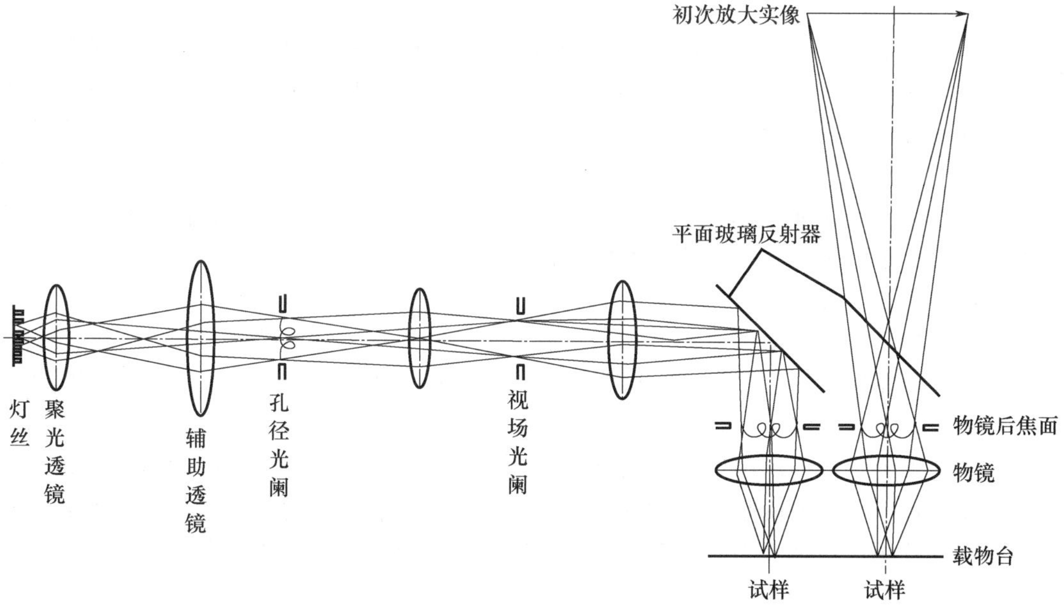

图 4-3　科勒照明原理图

2. 光学系统

显微镜的光学系统主要包括物镜、目镜、反光镜和聚光器 4 个部件。反光镜和聚光器前面介绍了，这里重点介绍物镜和目镜。

（1）物镜。

物镜是决定显微镜性能的最重要部件，安装在物镜转换器上，接近被观察的物体，因此被称为物镜或接物镜。一般一个显微镜有 3～4 个物镜，物镜主要参数包括放大倍数、数值孔径和工作距离。物镜的作用是针对试样进行第一次放大，它是决定显微镜分辨能力高低的部件。

(2) 目镜。

目镜装在镜筒的上端，因为它靠近观察者的眼睛，因此也称接目镜。一个显微镜通常备有2～3个，上面刻有5×、10×或15×符号以表示其放大倍数，一般装的是10×的目镜。目镜的作用是将已被物镜放大的、分辨清晰的实像进一步放大，达到人眼能容易分辨清楚的程度。常用目镜的放大倍数为5～16倍。

3. 机械系统

显微镜的机械装置是显微镜的重要组成部分。其作用是固定与调节光学镜头、固定与移动标本等。金相显微镜机械系统由镜座、镜臂、载物台、镜筒、物镜转换器与调焦装置组成，其中以物镜转换器及调焦机构最为精密。

(1) 镜座和镜臂。

镜座作用是支撑整个显微镜，装有反光镜，有的还装有照明光源。镜臂可分为固定、可倾斜两种，其作用是支撑镜筒和载物台。

(2) 载物台。

载物台的作用是放置金相样品，形状有圆形和方形两种，其中方形的面积为120mm×110mm。中心有一个通光孔，通光孔后方左右两侧各有一个安装压片夹用的小孔。载物台和下面托盘之间有导架，用手推动，可使载物台在水平面上做一定范围的十字定向移动，或旋转载物台螺旋杆使载物台前后、左右移动，以改变试样的观察部位。有的载物台的纵横坐标上都装有游标尺，一般读数为0.1mm，游标尺可用来测定标本的大小，也可用来对被检部分做标记。

(3) 镜筒。

镜筒连接目镜和物镜转换器，其上端放置目镜，下端连接物镜转换器。从目镜管上缘到物镜转换器螺旋口下端的距离称为镜筒长度或机械筒长。机械筒长不能变更的称为固定式镜筒，能变更的称为调节式镜筒；新式显微镜大多采用固定式镜筒，国产显微镜也大多采用固定式镜筒，国产显微镜的机械筒长通常是160mm。目镜的镜筒可以有单筒和双筒两种。双筒的两眼可同时观察以减轻眼睛的疲劳。同时，为了便于两眼视力不同的观察者使用，双筒其中有一个目镜往往有屈光度调节（即视力调节）装置。

(4) 物镜转换器。

物镜转换器固定在镜筒下端，有3～4个物镜螺旋口，物镜应按放大倍数高低顺序排列。旋转物镜转换器时，应用手指捏住旋转碟旋转，不要用手指推动物镜，因时间长，容易使光轴歪斜，使成像质量变坏。

(5) 调焦装置。

调焦是指在进行金相检验时，调节物镜与金相试样之间的距离，以获得清晰的物像的活动。用来实现调焦的机械装置，就称为调焦机构或者装置。调焦机构包括粗调和微调两部分。粗调机构的作用是在寻找清晰物像操作时做快速调焦用的，通过快速调焦确定大致视场范围。而微调机构，是做进一步精确调焦用的，通过微调清晰化物像。对于景深小的高倍物镜，微调机构是必不可少的。满意的调焦效果是粗调和微调机构的互相配合和运用才可以得到的。完成粗调和微调的部件在显微镜体的两侧有粗动和微动调焦手轮，两者在同一部位，如图 4-1 所示。随粗调手轮的转动，支撑载物台的弯臂做上、下运动。在粗调手轮的一侧有制动装置，用以固定调焦正确后载物台的位置。微调手轮使显微镜本体沿着滑轨缓慢移动。在右侧手轮上刻有分度格，每一格表示物镜座上下移动的距离。与刻度盘同侧的齿轮箱刻有两条白线，用以指示微动升降范围，当旋到极限位置时，微动手轮就自动被限制住，此时，不能再继续旋转而应倒转回来使用。

4.2　光学成像原理及其光学系统

4.2.1　光学成像原理

金相显微镜是利用可见光在试样磨面上反射成像来观察金属组织的。金相显微镜成像原理：当把待观察物体放在物镜焦点外侧靠近焦点处时，在物镜后所成的实像恰在目镜焦点内侧靠近焦点处，经目镜再次放大成虚像，观察到的是经两次放大后的倒立虚像。为了进一步理解显微镜成像原理，其光学原理见图 4-4。假设被观察的物体 AB 放在物镜之前距其焦距略远一些的位置，由物体反射的光线穿过物镜，经折射后得到一个放大的倒立实像 $A'B'$，再经目镜将实像 $A'B'$ 放大得到倒立虚像 $A''B''$，这就是在显微镜下经过二次放大后的物像。根据上述原理，在设计光学显微镜时，使目镜的焦点位置与物镜放大后形成的实像位置接近，并使目镜所形成的倒立虚像位于眼睛 250mm 处，也就是人眼的正常明视距离，这样确保可以看到清晰的物像。

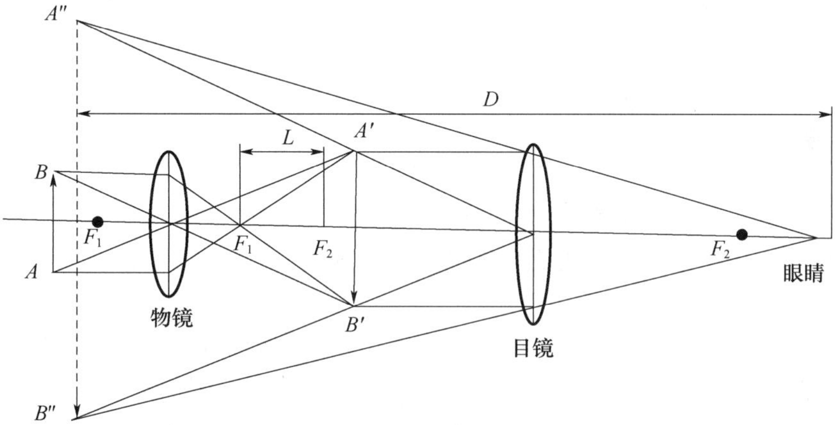

图 4-4　显微镜光学原理图

图 4-4 显示金相显微镜的成像系统主要利用反射、折射及全反射原理设计的各类光学元件组成，通过反射镜、棱镜及透镜改变光的方向和行程，实现显微放大。该系统主要部件如下：

（1）反射镜。

反射镜有平面反射镜、球面反射镜和非球面反射镜等。按光的透射程度可分为全反射镜和半透反射镜两种。反射镜的作用是改变光的方向。

（2）棱镜。

棱镜可分为折射棱镜和全反射棱镜两种，在金相显微镜中主要用来改变光路。

（3）透镜。

透镜是金相显微镜中物镜和目镜的主要组成元件。如前所述，它们的作用是使光线汇聚或发散。透镜按其形状可分为双凸透镜、平凸透镜、弯月形透镜、双凹透镜、平凹透镜和凹凸透镜。其中凸透镜为正透镜，作用使光线汇聚；凹透镜称为负透镜，作用使光线发散。

利用凸透镜，可以将物体放大，放大原理如图 4-5 所示。当物体 AB 置于凸透镜前焦点外上靠近焦点的位置上时，可得到倒立的放大实像 $A'B'$，其位置在 1 倍焦距以外。若将物体 AB 置于凸透镜焦距内，可得到放大的正虚像 $A'B'$（图 4-5b）。影像的长度与物体长度之比（$A'B'/AB$）就是放大倍数（放大率），由于凸透镜到物体之间的距离 a 近似地等于凸透镜的焦距（$a=f$），而凸透镜到影像间的距离 b 近似地相当于人眼的明视距离 250mm，故凸透镜的放大倍数为

$$N = 250/a \tag{4-1}$$

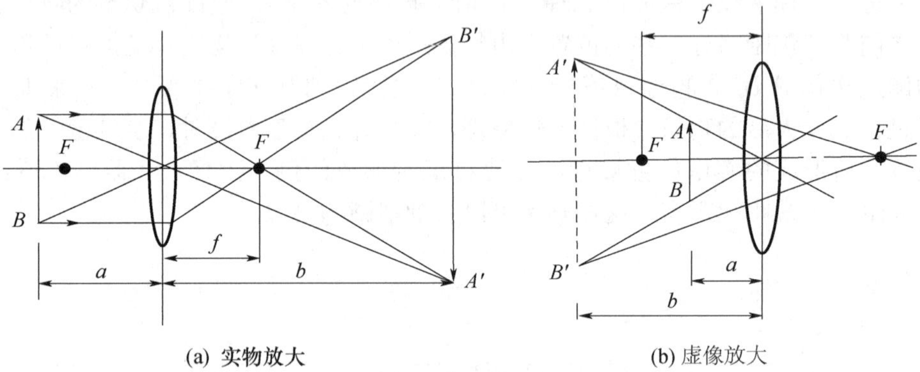

图 4-5　放大镜光学原理图

由式（4-1）可知，透镜的焦距 f 即 a 越短，则放大镜的放大倍数越大，一般采用的放大镜焦距为 10～100mm，因此放大倍数为 2.5～25 倍。

（4）像差。

所谓的像差是指实际光学系统的成像与近轴光学系统的成像之间存在偏离，导致成像相对于近轴成像产生偏离，像差的后果是降低了光学仪器的精确性。

按照单色和多色光成像，像差可以分为两类：一类是单色光成像时的像差，称为单色像差，如球差、慧差、像散和畸变等。另一类是多色光成像时，由于介质折射率随光的波长不同而引起的像差，又称为色差。色差又分为位置色差和放大率色差。对于单色像差，其产生过程可以参考图 4-6 所示来说明。在图 4-6 中，以球差为例，说明像差形成原理。来自光轴某点的单色光通过透镜时，由于光轴附近的光线的折射角小，而透镜边缘的光线的折射角大，因此会形成前后分布的许多聚焦点，呈现一个弥散的光斑，形成像差，这类单色像差为典型的球差。

对于色差，可以通过图 4-7 来了解其形成过程。在图 4-7 中，来自光轴某点的多色光，这里采用的是白光，通过透镜时，会形成一系列不同颜色的像。这是由于白光

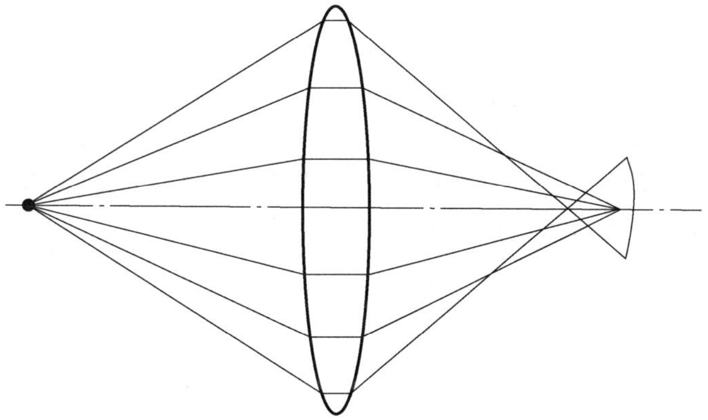

图 4-6　球面像差示意图

是由不同波长的光组成，而不同波长的光折射率不同，因此会在不同位置成像。色差又分为轴向色差和垂轴色差。以图 4-7 中的白光为例，轴向色差是指不同色的光成像位置沿轴向分布不同。白光中紫色光波长最短，折射率最大，在离透镜最近处成像，而红色光波长最长，折射率最小，在离透镜最远处成像。由于存在轴向色差，因此使用白光照射会出现彩色的像。垂轴色差一般是由于透镜对不同颜色的光的放大率不同，因此成像大小也不同，所以又称为放大率色差，垂轴色差使白光成像的边缘出现彩色。

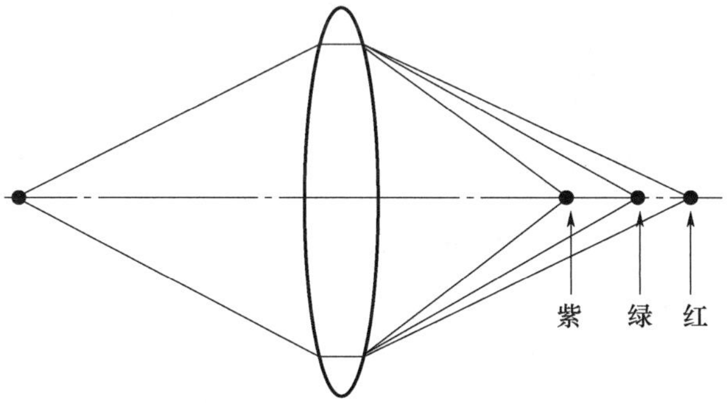

(a) 色像差示意图

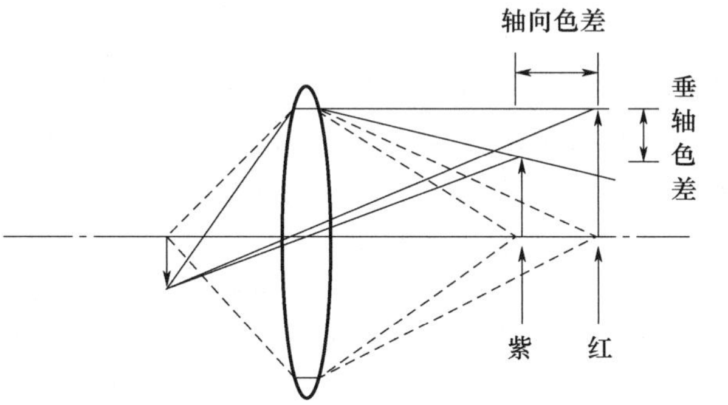

(b) 轴向色差和垂轴色差示意图

图 4-7　色像差示意图（a）和轴向色差和垂轴色差示意图（b）

一个显微镜通常可以实现放大倍数1500～2000倍，同时获得清晰的放大影像效果。这种影像效果不是单纯依赖某一个放大镜来完成的，因为对于单独一个透镜来讲，如果单纯无限地提高其放大倍数，会由于透镜焦距缩短和表面曲率过分增大而使形成的影像变得模糊不清。所以，一个显微镜不是由单个放大镜组成，而是由两级特定透镜组构成，其中靠近被观测物体的透镜组就是前面述及的物镜，靠近眼睛的透镜组就是前面述及的目镜。一种金相显微镜的光学系统如图4-8所示。

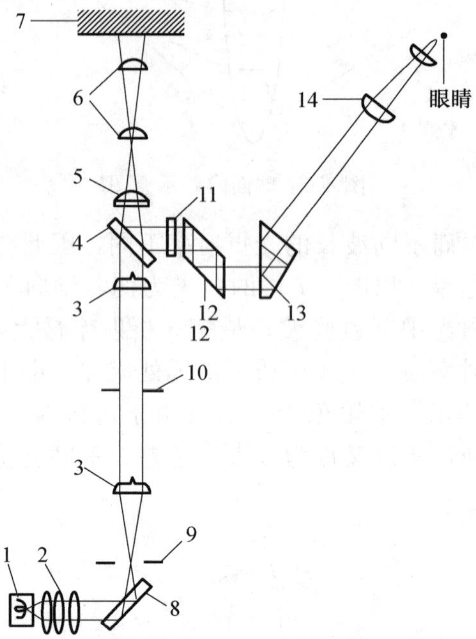

1—灯泡；2—聚光透镜组；3—聚光镜；4—半反射镜；5，11—辅助透镜；6—物镜组；
7—试样；8—反光镜；9—孔径光阑；10—视场光阑；12，13—棱镜；14—目镜。

图4-8 金相显微镜的光学系统

4.2.2 物镜和目镜

1. 物镜

（1）物镜的校正。

显微镜的放大作用主要取决于物镜，物镜质量的好坏直接影响显微镜映像质量，它是决定显微镜的分辨率和成像清晰程度的主要部件，但是由于存在像差，因此对物镜的校正是很重要的。校正的主要方法就是采用组合透镜。由若干透镜组合而成的透镜组，组合使用的目的是克服单个透镜的成像缺陷，在一定程度上消除或减少透镜成像的缺陷，提高成像质量。根据对透镜球面像差和色差的校正程度不同，可将物镜分为消色差物镜、复消色差物镜、平面消色差物镜、平面复消色差物镜、半复消色差物镜等多种。

（2）物镜的性质。

① 放大倍数。

物镜的放大倍数是指物镜在线长度上放大实物倍数的指标。放大倍数一般会标刻在物镜上，它有两种表示方法：一种是直接在物镜上刻度出放大倍数，如8×、10×、45×等；

另一种是在物镜上刻度出该物镜的焦距 f，焦距越短，放大倍数越高。

② 镜筒长度。

镜筒长度是指物镜底面到目镜顶面的距离。由于物镜的像差是依据一定位置的映像来校正的，因此物镜一定要在规定的机械镜筒长度上使用，一般显微镜的机械镜筒长度为 160mm、170mm、190mm。金相显微镜在摄影时，由于放大倍数不同，映像投射距离变化很大，因此，优良的物镜的像差是按任意镜筒长度校正的，即在无限长范围内，物镜像差均已校正。

③ 数值孔径。

数值孔径表征物镜的聚光能力，是物镜的重要性质之一，通常用“$N.A$”表示。物镜的数值孔径大小决定了物镜的分辨能力（鉴别）及有效放大倍数。根据理论推导得出：

$$N.A = n\sin\varphi \tag{4-2}$$

式中，n 为物镜与观察物之间的介质折射率，空气为 1；φ 为物镜的孔径半角。

④ 物镜的标记。

在物镜外壳上刻有不同的标记，如浸液记号、物镜类别、放大率、数值孔径、机械筒长度、盖玻片厚度。如油表示浸液为松柏油；100×/1.25 表示物镜放大率为 100 倍，数值孔径 1.25；160/0 表示机械镜筒长度为 160mm。“0”表示无盖玻片，有些物镜刻有 160/—，表示机械镜筒长度为 160mm，“—”表示可有、可无盖玻片等。此外，在物镜上刻有色圈表示物镜的放大率，如高倍物镜通常都为油浸系，油镜头用“油”或外壳涂一黑圈来表示。

2. 目镜

目镜的主要作用是将由物镜放大所得的实像再次放大，某些目镜（如补偿目镜）除了有放大作用外，还能将物镜造像过程中产生的残余像差予以校正。

因为通过目镜的光束接近平行状态，所以球面像差及纵向（轴向）色差不严重。设计时只考虑横向色差（放大色差）。正因为如此，相对物镜来讲，目镜的构造简单得多。

目镜由两部分组成，位于上端的透镜称目透镜，起放大作用；下端透镜称会聚透镜或场透镜，使映像亮度均匀。在上、下透镜的中间或下透镜下端，设有一光阑，测微计、十字玻璃、指针等附件均安装于此。常用的目镜放大倍数有 8×、10×、12.5×、16×、20×等。

4.2.3 光学显微镜的性能指标

衡量光学显微镜的性能指标主要有放大率、透镜的质量、显微镜的鉴别能力。

1. 显微镜的放大率

显微镜的放大率 M 等于物镜的线放大率 M_1 与目镜的角放大率 M_2 的乘积，即

$$M = M_1 \cdot M_2 \tag{4-3}$$

根据几何学得到物镜的放大率为

$$M_1 = -\frac{L}{f_1} \tag{4-4}$$

式中，L 为显微镜的光学镜筒长度（即从物镜后焦点到所成实像的距离）；f_1为物镜的焦距，负号表示所成的像是倒立的。

目镜的放大率为

$$M_2 = -\frac{D}{f_2} \tag{4-5}$$

式中，D 为人眼的明视距离（250mm）；f_2为目镜的焦距。

把式（4-4）和式（4-5）代入式（4-6）可得出显微镜的放大率为

$$M = \frac{LD}{f_1 f_2} \tag{4-6}$$

由式（4-6）可知，显微镜的放大率与光学镜筒长度呈正比，与物镜、目镜的焦距呈反比。

通常物镜、目镜的放大率标注在镜筒上。显微镜的总放大率可由式（4-6）算出。放大率用符号“×”表示，如物镜的放大率为 20×，目镜的放大率为 10×，则显微镜的放大率为 20×10＝200×。

物镜的放大率还与光学镜筒有关。如果镜筒设计较短，在计算总放大率时，需要乘以一个系数。此外，在使用显微镜观察物体时，应根据其组织的粗细状况，选择适当的放大率。但是也不要盲目追求过高的放大率，过高的放大率会导致所看到的区域变小。

2. 显微镜的鉴别能力

显微镜的鉴别能力主要决定于物镜。物镜的鉴别能力可分为平面鉴别能力和垂直鉴别能力。平面鉴别能力即物镜的分辨率，是指物镜所具有的将显微组织中两物点清晰区分的最小距离 d 的能力。很显然，两物点间最小距离 d 越小，物镜的分辨能力越高。当两物点间距大于或等于 d 时，才能清晰地分辨出来。垂直鉴别能力即物镜垂直分辨率，又称景深，是指物镜所具有在景深方面能清晰造像的能力，即垂直方面能清晰造像的最大景深深度，深度越大，表示垂直鉴别率越大。景深 h 为

$$h = (0.15-0.30)\ n / (N.A \times M) \tag{4-7}$$

由此可见，物镜的垂直鉴别率与数值孔径、放大倍数呈反比，要提高景深，最好选用数值孔径小的物镜或减小孔径光阑以缩小物镜的工作孔径，但这样就会降低物镜的分辨能力，所以要调和这一矛盾只能视具体情况而定。

4.3 金相显微镜的使用

1. 使用规程

金相显微镜是一种精密的光学仪器，使用时要求细心谨慎。在使用显微镜工作之前首先应熟悉其构造特点及各主要部件的位置和作用，然后按照显微镜的使用规程进行操作。

（1）接通电源。

（2）选择合适的物镜与目镜，转动物镜转换器进行物镜转换。一般先进行低倍观

察，再进行高倍观察。

（3）将试样放在载物台上，试样对准物镜中心。

（4）调焦时，应先调粗，后微调，为了避免试样与物镜碰撞，应先使物镜靠近试样（不能接触），然后一边从目镜中观察，一边双手转动粗调手轮调焦，使物镜慢慢离开试样，当视场亮度增强并出现模糊物像时，改用微调手轮调节，直到物像调整到最清晰程度为止。

（5）适当调节孔径光阑和视场光阑，以获得最佳质量的物像。

（6）观察完毕切断电源，并将载物台降到最低点。

2. 使用注意事项

（1）操作时需细心谨慎，避免剧烈动作、光学系统不允许自行拆卸。

（2）显微镜的物镜和目镜是显微镜的主要光学部件，装卸时应格外小心，不得用手摸透镜。对于透镜上的灰尘、油脂、污垢，不能用手或手帕去擦，以免在镜头上留下划痕及脏物，而应用软毛刷或镜头纸轻轻擦拭；难以除去的污渍可用药棉签蘸二甲苯擦拭。注意不能用酒精和乙酰等溶液，因为镜头上的黏结胶会被这些溶液溶解掉。油浸系物镜使用后，也要及时用二甲苯清洗。

（3）调焦时，应先粗调，后微调。在旋转粗调（或微调）手轮时动作要慢，碰到某种阻碍时应立即停止操作，查找原因，不得用力强行转动，否则会损坏机件。

（4）用于显微镜观察的样品要干净，不得残留酒精和腐蚀剂，以免污染腐蚀物镜。

（5）显微镜对潮湿、高温、灰尘、腐蚀气体、振动等因素十分敏感，因此放置显微镜的房间应清洁、干燥，通风并远离振源。

3. 图像采集与处理

数码金相显微镜是将光学显微镜技术、光电转换技术、计算机图像处理技术结合在一起而开发研制成的高科技产品，可以在计算机上很方便地观察金相图像，从而对金相图谱进行分析、评级等以及对图片进行输出打印。

4.4　金相样品制备

采用光学显微镜观察和研究金属显微组织，通常包括 3 个步骤：样品制备、腐蚀显示和试样观察。其中，样品制备和腐蚀显示是关键技术。金相试样制备和腐蚀显示的实验流程为取样（切割机或其他设备）→镶样（热样机或冷镶）→磨光（预磨机）→抛光（抛光机）→腐蚀（腐蚀液）。

1. 试样制备

（1）取样。

无论是系统取样，还是指定取样，试样都必须要有代表性，一般来讲，取样要依据如下几条原则：

① 对系统取样中的规定检验可以查阅相关标准，按规定取样，如《中华人民共和

国黑色冶金行业标准》等。

② 对于零件失效分析试样，需根据零件的使用部位、受力情况、出现裂纹的部位和形态等具体情况，抓住关键部位取样分析。

③ 对铸件，必须从表面到心部、从上部到下部观察其组织差异，以了解偏析情况、缩孔疏松及冷却速度对组织的影响。

④ 对锻轧及冷变形加工的工件，应采用纵向截面，以观察组织和夹杂物的变形情况；而热处理后的显微组织则应采用横向截面。

（2）试样截取。

根据零件大小、材料性能、现场实际情况不同，选择不同的截取方法。软材料可以用锯、车、刨等加工方法；硬材料可采用砂轮切片机切割或电火花切割等方法；如果材料兼具硬而脆，则可以考虑采用锤击和线切割方法。同时要注意：试样上因截取引起的变形层或烧损层必须在后续工序中去掉，以保证被观察的截面不产生组织变化。

（3）试样尺寸。

截取的试样尺寸以便于握持、易于磨制为准。通常取用圆柱体（ϕ15mm×18mm）或边长为 15～25mm 的立方体。对于形状特殊或尺寸细小不易握持的试样，要采取镶嵌或机械夹持的方法。

2. 腐蚀显示阶段

针对“1. 试样制备”获得的试样进行表面处理，采取的手段主要是镶样、磨光、抛光（机械、电解、化学抛光）、腐蚀等操作，经过这样处理后，金属表面会成为光滑的镜面水平。特别值得一提的是，对于具有光滑镜面的平面试样，还必须用一定的试剂对其表面进行腐蚀，通过试样表面各种组织不同程度的发生腐蚀和溶解，在镜状表面形成凹凸形貌，这些凹凸不平都在光学系统的景深范围内，就可以清楚地观察到组织的形貌、大小和分布，这就是组织显示阶段。

（1）镶样。

对于形状特殊或尺寸细小（如带、丝、片、管）较软、易碎或者边缘需要保护的试样，光学显微观察前要进行镶嵌或机械夹持，使其变成易于制备的试样。另外，随着试样磨光、抛光逐渐自动化，也要求试样尺寸标准化，这需要通过镶嵌完成。所谓的镶嵌就是将试样镶在有机材料里，根据使用的材料和工艺分为热镶嵌、冷镶嵌和倾斜镶嵌。

热镶嵌就是用热固性塑料（如电木粉，即酚醛树脂）或热塑性塑料（如聚氯乙烯或聚苯乙烯）等作镶嵌材料，在镶嵌机内加热加压成型，然后冷却脱模而成。热固性塑料需加热到 110～150℃，热塑性塑料加热温度更高，需 140～160℃。

冷镶嵌是指在室温下使镶嵌料固化，适合处理薄、脆、松散等不适宜受压的材料及组织结构对温度变化敏感或熔点较低的材料。冷镶嵌步骤是将试样置于模子中，注入冷镶嵌料，冷凝后脱模。用于冷镶嵌的冷镶嵌料通常为双组分体系，最常见的为两种液体，也可以是一种液体一种粉末，分别为树脂和固化剂。常用的冷镶嵌料有环氧树脂和固化剂，固化剂主要是胺类化合物。通常的固化剂占总量 10%左右。镶嵌多孔、易脆、易散等试样时，可以采用环氧树脂真空浸渍。真空浸渍常用于粉末冶金试样、煤或焦炭、陶瓷和矿产品，再就是腐蚀或失效分析。典型的设备如美国标乐公司生产的 Cast nvac100 型真空渗透仪。适用于各种环氧树脂和聚酯浇筑料的镶嵌（冷）化合物。

倾斜镶嵌多用于对薄层组织，如镀层、渗层、变形层等的观察和测量。这些特殊样品常规镶嵌不容易实现有效观察，制备时可以采用倾斜镶嵌法形成锥形截面来增加观察厚度。

（2）磨光。

磨光分为粗磨和细磨。一般截取后获得的试样表面都比较粗糙，含有由于机械力的作用所形成的较深的变形层。粗磨的目的就是去除这些变形层，所以，它是试样制备的第一道工序，硬金属试样通常在磨床和砂轮机上进行粗磨；软材料，如铝、铜等，要用锉刀锉平或在铣床、车床上修正。粗磨完毕后，需将手和试样清洗干净，防止粗大磨粒带入下道工序，造成较深的磨痕。试样粗磨后，试样表面的较深较粗的划痕得到一定改善，但是其表面质量还不能进入抛光阶段。需要经过进一步的精致细磨，才能得到磨痕较细、变形层较浅的表面，方便随后的抛光工序得以顺利进行。

细磨通常在砂纸上进行，适用于金相试样常用的金相砂纸有碳化硅砂纸。其基本流程的注意点：①使用粒度由粗到细的砂纸按顺序依次磨光；②每道工序的磨痕应与上一道工序的磨痕方向垂直；③每换一道砂纸之前，必须先用水洗去样品和手上的砂粒，再将试样旋转 90°进行②磨制，直到在整个磨面上得到方向一致均匀的新磨痕。

为确保细磨质量，细磨过程中常常采用湿磨法，即在磨削过程中，使用流水不停地从砂纸表面流过，及时地把绝大部分磨屑和脱落的磨粒冲走，从而确保在整个磨光操作过程中，磨粒的尖锐棱角始终与试样的表面接触，保持其良好的磨削作用。湿磨法可以减少磨光时在试样表面产生的摩擦热，还可以避免显微组织发生变化。

（3）抛光。

抛光操作的目的是消除磨光时产生的损伤层，同时要使抛光不能消除的变形层控制在不影响最终组织观察的范围内，即不会产生假象。所以，抛光从宏观上看，要把磨光留下的细微磨痕除去，使表面成为光亮无痕的镜面。抛光分为机械抛光、电解抛光、化学抛光等。

机械抛光与磨光的机制基本相同，基本原理是将具有磨削作用的具有一定粒度的磨粒嵌在抛光织物纤维上，在抛光液的配合下，针对试样表面进行磨削。要求机械抛光产生的切屑、划痕及变形层都要比磨光时细小和浅得多。为此，抛光分为两个阶段来进行，即粗抛和精抛。通过粗抛消除磨光的变形层，通过精抛消除粗抛产生的变形层。粗抛常用的磨料是粒度为 10～20μm 的 α-Al_2O_3、Cr_2O 或 Fe_2O_3，加水配成悬浮液使用。目前，多采用人造金刚石。

常用的抛光机上装有一个或多个电动盘（直径为 200～250mm），盘上铺以抛光布，由电动机带动的水平抛光盘的转速一般为 300～500r/min。目前国产金相抛光机有单盘 P-1 型、双盘 P-2 型两种，均由电动机（0.18kW）带动抛光盘旋转，转速为 1350r/min。抛光盘用铜或铝制成，直径为 200～250mm。

机械抛光易造成试样表面产生变形层，影响金相组织显示的真实性。电解抛光就是借助样品表面在电化学作用下的溶解过程，在没有机械力的情况下，对试样表面进行抛光。所以，电解抛光可以有效克服机械抛光的缺陷。抛光过程中没有机械力的作用，所以不引起金属的表面变形。此外，电解抛光对试样磨光程度要求低，一般用 800# 水砂纸磨平即可，抛光速度快、效率高。

电解抛光有专用的自动电解抛光仪，如图 4-9 所示为我国上海厂家制备的自动电解抛光仪。一般采用试样接阳极，不锈钢板作阴极，放入电解液中，电解抛光所用的电解液可在有关手册中查到。接通电源后，阳极发生溶解，金属离子进入溶液中。

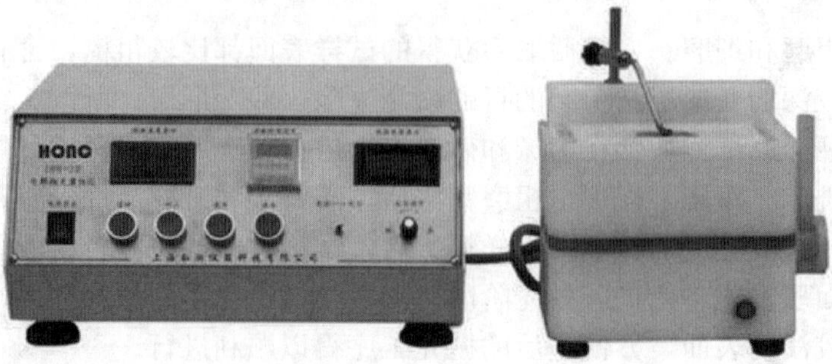

图 4-9　自动电解抛光仪

对于硬度低的单相合金以及一般机械抛光难以做到抛光的铝合金、镁合金、铜合金、钛合金、不锈钢等均可以采用此法。但是电解抛光对于材料化学成分的不均匀性、显微偏析特别敏感，如非金属夹杂物处，往往会被剧烈地腐蚀，因此，电解抛光不适用于偏析严重的金属材料及作夹杂物检验的金相试样。

化学抛光的原理与电解抛光类似，是靠化学药剂对试样表面不均匀溶解得到光滑的抛光表面。化学药剂抛光液的成分选择随抛光材料的不同而不同。一般为混合酸溶液，常用的酸类有正磷酸、铬酸、硫酸、醋酸、硝酸及盐酸；为了增加金属表面的活性以利于化学抛光的进行，还加入一定量的过氧化氢。化学抛光液经使用后，溶液内金属离子增多，抛光作用减弱，需经常更换新溶液。

化学抛光方法操作简单、成本低廉，同时对原来试样表面的光洁度要求不高。但化学抛光对试样凹凸不同的部位的溶解速度不同，容易导致磨面表面有波浪起伏。但是，这种起伏一般在物镜的垂直鉴别能力之内，适于用低倍和中倍观察。

（4）腐蚀。

试样经抛光后，在显微镜下只能看到光亮的磨面及夹杂物等。只有观察少数非金属夹杂的金相试样，可以直接采用光学法，其他样品，必须经过腐蚀才能对试样的组织进行显微分析。常用的腐蚀方法有化学腐蚀法和电解腐蚀法。

化学腐蚀的方法是显示金相组织最常用的方法，其主要原理是将抛光好的样品在化学腐蚀剂中腐蚀一定时间，从而显示出样品的组织形貌。其操作方法：将已抛光好的试样用水冲洗干净或用酒精擦掉表面残留的脏物，然后将试样磨面浸入腐蚀剂中或用竹夹子夹住棉花球蘸取腐蚀剂在试样磨面上擦拭，抛光的磨面即逐渐失去光泽；待试样腐蚀合适后马上用水冲洗干净，用滤纸吸干或用吹风机吹干试样磨面，然后放在显微镜下观察。试样腐蚀的深浅程度要求往往由样品材料、组织、显微镜的放大率和显微分析的目的来确定，高倍观察时，往往腐蚀要稍浅一些，而低倍观察，则应腐蚀较深一些。

多相合金的腐蚀，由于腐蚀剂对各个相有不同程度的溶解，因此合适的腐蚀剂选择是一个关键技术。在具体的腐蚀过程中，为了显示所有的相，往往采用选择腐蚀法，即采取两种或更多的腐蚀剂依次腐蚀，使各相的组织依次显示出来。也可以采用薄膜染色法，即利用合适的腐蚀剂，与磨面上各相首先发生化学反应，通过化学反应在实验表面形成一层厚薄不均的膜或反应沉淀物，这些膜或反应沉淀物在白光的照射下，可以形成不同的色彩，从而呈现各相。

电解腐蚀所用的设备与前述的电解抛光相同，只是工作电压和电流比电解抛光小，此法适于抗腐蚀性能强、用化学腐蚀法难腐蚀的材料。

3. 观察阶段

经过上述两个阶段后，就可以使用金相显微镜对显微组织实施观察和分析。上述这三个阶段是一个有机的整体，相互影响，无论哪一个阶段操作不当，都会影响最终效果。因此，不应忽视任何一个环节，不适当的操作可能形成“伪组织”，导致错误的分析。

实验一　金相样品的制备与显微组织观察

[实验目的]

(1) 掌握金相试样的制备流程及其原理。

(2) 掌握金相显微镜的基础结构和使用方法。

(3) 了解目前制备金相试样的先进技术。

[实验设备及材料]

(1) 仪器设备：金相显微镜、切割机、砂轮机、机械抛光机、手工湿磨工具、电吹风等。

(2) 实验用品：金相样品、不同型号的水砂纸、抛光液、酒精、配好的浸蚀剂、镊子、棉花等。

[实验步骤与方法]

(1) 领取有色金属或钢铁原始样品，切割制备实验试样，切割时要注意安全和切割流程。

(2) 切割试样表面粗磨预处理，用砂轮机打磨完成，直到获得平整的表面。

(3) 采用湿磨机，用手工湿磨法针对粗磨表面湿磨加工，实现从粗到细的磨光，注意粗划痕消除。

(4) 用机械抛光机抛光，获得光亮镜面，注意细划痕消除。

(5) 选择合适浸蚀剂，浸蚀试样光亮镜面，然后用显微镜观察组织，并绘出显微组织示意图。

(6) 将制备好的金相试样放入实验室的干燥器皿内，留作下一实验拍摄用。

(7) 实验完毕后，清理仪器设备。

[实验报告要求]

（1）简述实验目的和所用关键设备的原理、结构及使用方法。

（2）概述金相试样制备程序和关键技术要点。

（3）阐述金相组织分析原理。

（4）绘制观察到的试样显微组织状态，说明各组织形貌和成分特点。

（5）总结实验操作技巧及存在的问题，尤其是说明消除划痕控制措施和方法。

[实验技术说明——金相试样的制备]

金相试样的制备程序通常包括取样、镶样、磨光、抛光、腐蚀等几道工序。详细叙述如下：

1．取样

根据研究和生产需要，考虑选取最具有代表性，即能够实现预期实验结果的样品或者工件部位。对于机械性能不同的材料，试样切取可以选择不同方法：对软材料，可以用锯、车、刨等方法；对硬而脆的材料，可用锤击的方法；对极硬的材料，可用砂轮切片机或电火花机和线切割机；在大工件上取样可用氧气切割等。试样的尺寸以便于握持、易于磨制为准。对形状特殊或尺寸细小的试样，应进行镶嵌或机械夹持。制样过程中特别要注意的是确保被观察的截面不要在加工制备过程中产生组织变化，确保观察到的组织能反映客观真实情况。

2．镶样

为了使切割试样在磨光、抛光过程中便于手持，磨抛光前通常要利用镶样机进行试样镶样。金相试样镶嵌机镶样的步骤主要包括设备加压、设备加热及压模三部分。具体使用时，首先将试样放在下模上，选择较平整的一面向下，在套筒空隙间加入塑料粉，然后将上模放入压模（套模）内，通电加热至额定温度后再加压，待数分钟后除去压力，冷却后取出试样。镶样时使用的塑料粉，包括热固性塑料（如胶木粉）、热塑性塑料（如聚氯乙烯）、冷凝性塑料（环氧树脂加固化剂）等。

3．制样

（1）粗磨。

粗磨就是为了整平试样，方便后续的磨抛。对很硬的材料，粗磨一般通过砂轮机完成；对很软的材料，可用锉刀锉平。粗磨过程中，同时需冷却试样，防止受热而引起组织变化。

（2）细磨。

细磨的目的是消除粗磨时留下的较深的磨痕，为抛光做准备。常规的细磨可以采用手工磨光和机械磨光两种方法。

（3）磨光膏细磨。

使用浸过煤油的细帆布作为抛光布，将磨光膏涂覆在抛光布上进行磨光，这种细磨方法称为磨光膏细磨。

4．抛光

抛光的目的是除去细磨后留下的细微磨痕，使试样表面成为光滑无痕的镜面。常用的抛光方法可以选择机械抛光、电解抛光、化学抛光。

5. 浸蚀

最常用的浸蚀方法是化学浸蚀法。经过腐蚀处理的试样表面微观凹凸不平。试样表面的这种微观凹凸不平对光线的反射程度不同，在显微镜下就能观察到各种不同的组织及组成相。某些贵金属及其合金，如纯铂、纯银、金及其合金、不锈钢、耐热钢、高温合金、钛合金等，化学稳定性很高，难以用化学浸蚀法显示出组织，可采用电解浸蚀法。对不同的材料，通常需选用不同的浸蚀剂。常用的浸蚀剂见表 4-1。

表 4-1　常用的浸蚀剂

成分	工作条件	用途
硝酸 1～5mL、酒精 100mL	几秒～1min	碳钢、合金钢、铸铁
苦味酸 4g、酒精 100mL	几秒～几分钟	显示细微组织
盐酸 5mL、苦味酸 1g、酒精 100ml	几秒～1min、15min	奥氏体晶粒、回火马氏体
盐酸 15mL、酒精 100mL	几分钟	氧化法晶粒度
硫酸铜 4g、盐酸 20mL、水 20mL	浸入法	不锈钢、氮化层
苦味酸 2g、氢氧化钠 25g、水 100mL	煮沸 15min	渗碳体染色、铁素体不染色
盐酸 3 份、硝酸 1 份	静置 24h、浸入法	奥氏体及铬镍合金
盐酸 10mL、硝酸 3mL、酒精 100mL	2～10min	高速钢
苦味酸 3～5g、酒精 100mL	浸入法 10～20min	铝合金
盐酸 10mL、硝酸 10mL	小于 70℃	铜合金
盐酸 2～5mL、酒精 100mL	几秒～几分钟	巴氏合金
氯化铁 5g、盐酸 50mL、水 100mL	几秒～几分钟	纯铜、黄铜、青铜
盐酸 2mL、水 100mL	室温	镁合金
盐酸 10mL、硝酸 25mL、水 200mL	大于 1min	铅和铅锡合金

实验二　铁-碳合金平衡组织观察与分析

[实验目的]

(1) 观察碳钢和铸铁试样在室温条件下的平衡显微组织。
(2) 针对铁-碳合金，了解碳含量对其显微组织及性能的影响。

[实验设备及材料]

(1) 金相显微镜。
(2) 碳钢（亚共析钢、共析钢、过共析钢）试样。
(3) 白口铸铁（亚共晶白口铸铁、共晶白口铸铁、过共晶白口铸铁）试样。

[实验内容与方法]

(1) 按照金相组织观察实验步骤制备试样，并通过金相显微镜观察各试样的显微组织特征。

(2) 根据 Fe-C、Fe-Fe_3C 双重相图，详细分析各试样室温平衡组织形成和显微组织特点。

[实验报告要求]

(1) 画出所观察样品的显微组织示意图，注明合金成分、组织状态、放大倍数及各组织组成物的名称，并在组织图外用箭头标明相组成物和组织组成物的名称。

(2) 绘制 Fe-C 相图，并以所观察的样品为例，分析其从高温到低温的相变过程。

[实验原理]

通常将碳含量小于 2.11%的 Fe-C 合金称为钢，碳含量大于 2.11%的 Fe-C 合金称为铁。根据铁-碳二元相图，它们在室温下的组成相都是铁素体和渗碳体，但它们在显微组织上有很大的差异。

1. 铁-碳合金中的几种基本相和组织

(1) 铁素体。

它是碳在 α-Fe 中的固溶体，为体心立方晶格。具有磁性及良好的塑性，硬度较低。用 3%～4%硝酸酒精溶液浸蚀后，在显微镜下呈现明亮色的多边形晶粒。亚共析钢中，铁素体呈块状分布；当碳含量接近于共析成分时，铁素体则呈断续的网状分布于珠光体（共析体）周围。

(2) 渗碳体。

它是铁与碳形成的一种化合物，其碳含量为 6.69%。用 3%～4%硝酸酒精溶液浸蚀后，呈亮白色；若用热苦味酸钠溶液浸蚀，则渗碳体呈黑色而铁素体仍为白色，由此可区别铁素体与渗碳体。此外，按铁-碳合金成分和形成条件不同，渗碳体呈现不同的形态：一次渗碳体，从液相中析出，呈条状；二次渗碳体（次生相），从奥氏体中析出，呈网络状，沿奥氏体晶界分布，经球化退火，渗碳体呈颗粒状；三次渗碳体，从铁素体中析出，常呈颗粒状；共晶渗碳体与奥氏体同时生长，称为莱氏体；共析渗碳体与铁素体同时生长，称为珠光体。

(3) 珠光体。

它是铁素体和渗碳体的机械混合物，是共析转变的产物。由杠杆定律可以求得铁素体与渗碳体的含量比为 8∶1。因此，铁素体厚，渗碳体薄。硝酸酒精浸蚀后可观察到两种不同的组织形态。

① 片状珠光体。它是由铁素体与渗碳体交替排列形成的层片状组织，经硝酸酒精溶液浸蚀后，在不同放大倍数的显微镜下，可以看到具有不同特征的层片状组织。

② 球状珠光体。其组织的特征是在亮白色的铁素体基体上，均匀分布着白色的渗碳体颗粒，其边界呈暗黑色。

(4) 莱氏体。

室温时是珠光体、二次渗碳体和共晶渗碳体所组成的机械混合物。它是碳含量为 4.3%的液态共晶白口铸铁在 1148℃发生共晶反应所形成的共晶体（奥氏体和共晶渗碳体），其中奥氏体在继续冷却时析出二次渗碳体，在 727℃以下分解为珠光体。因此，莱氏体的显微组织特征是在亮白色的渗碳体基底上相间地分布着黑色斑点或细条状的珠光体。

2. 铁-碳合金在室温下的显微组织特征

（1）工业纯铁。碳含量小于 0.0218％的铁-碳合金通常称为工业纯铁，它为两相组织，即由铁素体和三次渗碳体组成。图 4-10 所示为工业纯铁的显微组织，其中黑色线条是铁素体的晶界，而亮白色基体是铁素体的多边形状等轴晶粒。

（2）碳钢。

① 亚共析钢。碳含量在 0.0218％～0.77％范围内的铁-碳合金。其组织由先共析铁素体和珠光体所组成，随着碳含量的增加，铁素体的数量逐渐减少，而珠光体的数量则相应地增多，图 4-11 所示为亚共析钢的显微组织，其中，亮白色为铁素体，暗黑色为珠光体。

② 共析钢。碳含量为 0.77％的铁-碳合金。其显微组织由单一的共析珠光体组成，如图 4-12 所示。

③ 过共析钢。碳含量在 0.77％～2.11％的铁-碳合金。其组织由共析渗碳体（即二次渗碳体）和珠光体组成。钢中碳含量越多，二次渗碳体数量越多。如图 4-13 所示为碳含量 1.2％的过共析钢的显微组织，用煮沸的苦味酸钠溶液浸蚀二次渗碳体被染成黑色网状，而铁素体仍为亮白色。

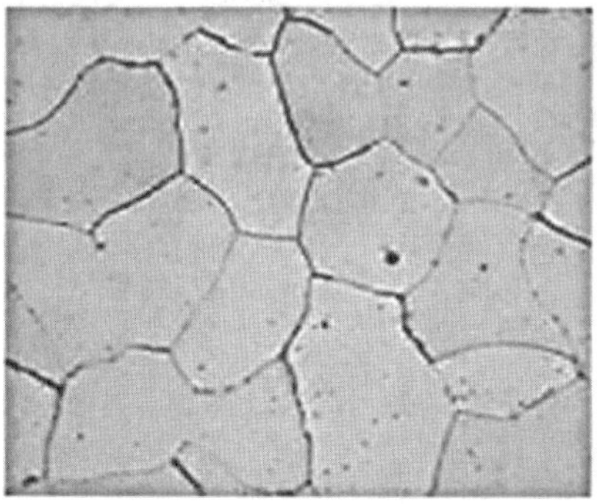

图 4-10　工业纯铁

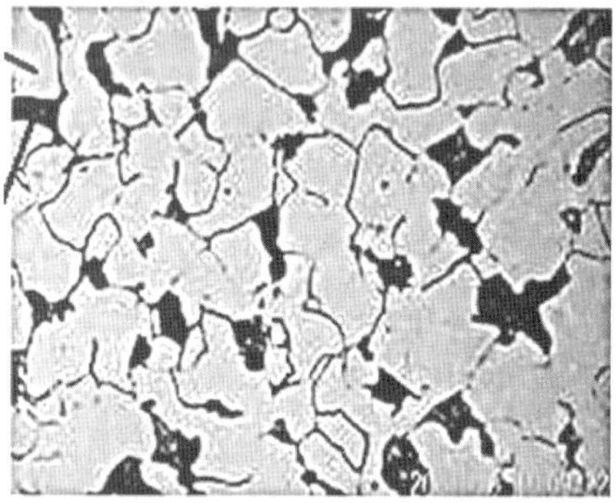

图 4-11　亚共析钢

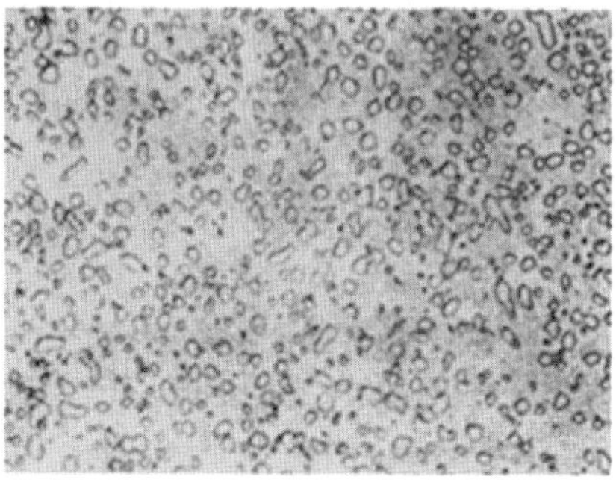

图 4-12　共析钢

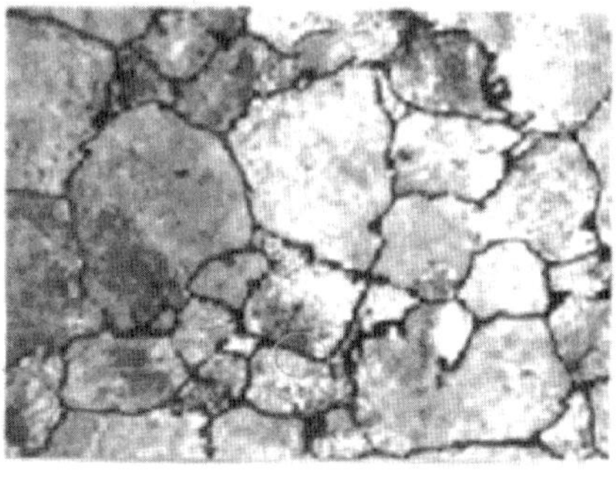

图 4-13　过共析钢

（3）白口铸铁。碳含量大于 2.11％的铁碳合金称为白口铸铁。其中的碳以渗碳体的形式存在，断口呈亮白色而得名，如图 4-14～4-16 所示。

① 亚共晶白口铸铁。碳含量小于 4.3％的白口铸铁称为亚共晶白口铸铁。在室温下亚共晶白口铸铁的组织为：珠光体加二次渗碳体加莱氏体。用 4％硝酸酒精溶液浸蚀后，在显微镜下呈现黑色枝晶状的珠光体和斑点状莱氏体，其中二次渗碳体与共晶渗碳体混在一起，不易分辨出来。

② 共晶白口铸铁。共晶白口铸铁的碳含量为 4.3％，它在室温下的组织由单一的共晶莱氏体组成。经 4％硝酸酒精浸蚀后，在显微镜下，珠光体呈暗黑色细条或斑点状，共晶渗碳体呈亮白色。

③ 过共晶白口铸铁。碳含量大于 4.3％的白口铸铁称为过共晶白口铸铁，在室温时的组织由一次渗碳体和莱氏体组成。用 4％硝酸酒精溶液浸蚀后，在显微镜下可观察到在带黑色斑点的莱氏体基体上分布着亮白色的粗大条片状。

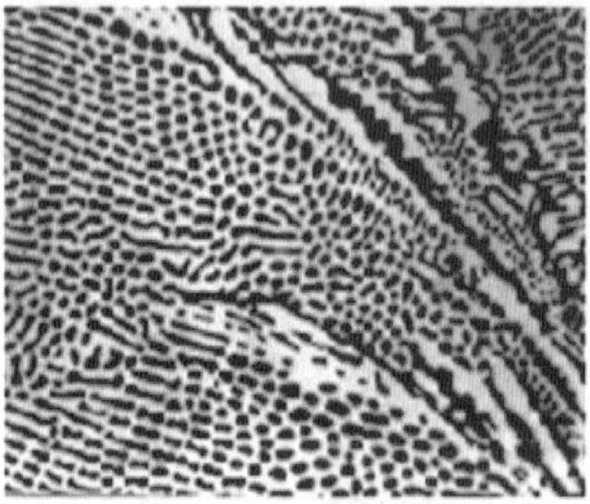

图 4-14　共晶白口铸铁

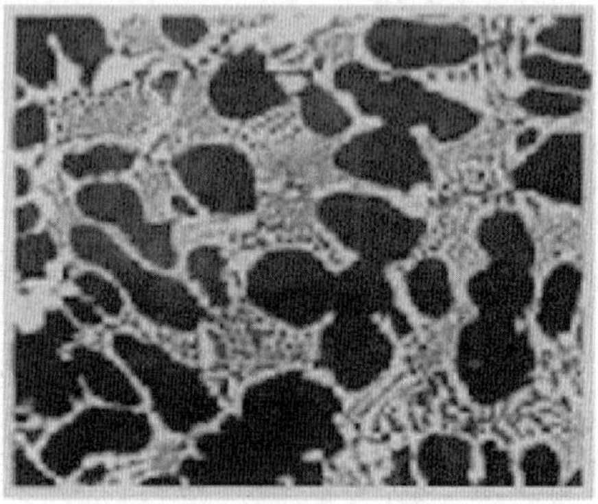

图 4-15　亚共晶白口铸铁

图 4-16　过共晶白口铸铁

实验三　钢的珠光体转变及显微组织观察

[实验目的]

(1) 掌握珠光体的形成条件和组织特征。

(2) 了解珠光体转变中的相及组织组成物的形态及分布特点。

(3) 分析珠光体组织形态与性能之间的关系。

[实验设备及材料]

(1) 实验设备：实验用箱式电炉、试样抛光机、金相显微镜。

(2) 实验材料：选择碳含量具有共析、过共析、亚共析成分的钢。如 20、45、T8、T12 等不同型号的钢。

[实验步骤及方法]

(1) 对不同型号的钢针对珠光体的形成和组织演变设计热处理制度，进行相应的热处理操作实验。

(2) 将热处理后的样品制备成金相试样并在金相显微镜下观察组织。

[实验报告要求]

(1) 画出所观察样品的显微组织示意图。

(2) 简单说明选择实验用钢的珠光体形态及其与热处理制度的内在关联。

[实验原理]

1. 珠光体

共析碳钢加热奥氏体化后缓慢冷却，在 550℃到 A 点之间过冷奥氏体将发生

$$\gamma \longrightarrow (\alpha + Fe_3C)$$

共析转变，生成由铁素体和渗碳体两相组成的珠光体类型组织。珠光体由铁素体和渗碳体两相组成，根据组成的方式不同，可将珠光体分为片状珠光体和粒状珠光体两大类。其中，片状珠光体可以根据层片间距的厚度分为珠光体、索氏体和屈氏体。珠光体片间距为 150～450nm，500 倍金相显微镜下清晰可辨。索氏体片间距在 80～150nm，800～1000 倍光学显微镜下可分辨。屈氏体片间距约为 30～80nm，只有用高倍电子显微镜才能分辨。粒状珠光体是铁素体基体上分布着粒状渗碳体，如图 4-17 所示。

2. 珠光体形态转化

粒状珠光体是铁素体上分布着粒状渗碳体。一般有 3 种途径获得粒状珠光体：①在特定的奥氏体化工艺条件下，即较低的奥氏体化温度和较短的保温时间，还有未溶碳化物颗粒，然后缓冷；②片状珠光体经球化退火处理；③马氏体或贝氏体组织高温回火。

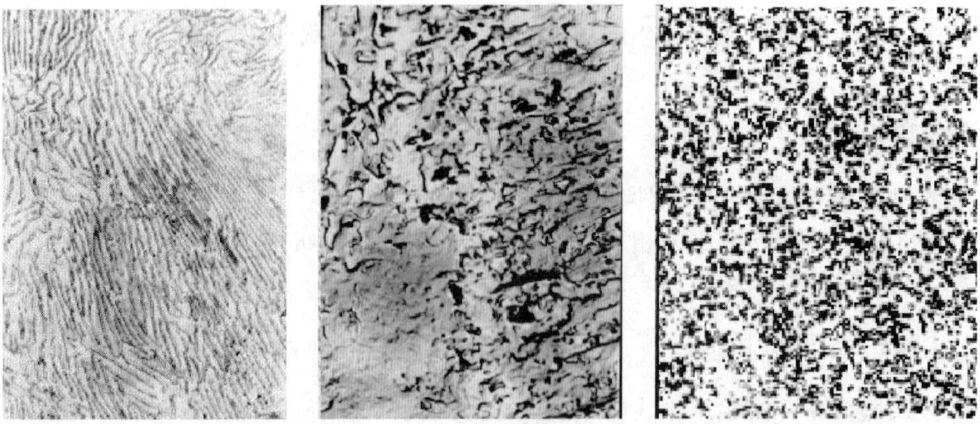

(a) 层片状　　(b) 类珠光体　　(c) 球粒状

图 4-17　珠光体典型形貌示意图

3. 粒状珠光体的形成机制

片状渗碳体的表面积大，界面能高，球化退火时，将会自发球化。大致遵循如下过程：与渗碳体尖角接壤处的铁素体碳浓度大于与平面接壤处的碳浓度，在铁素体内将引起碳原子扩散，结果界面碳浓度平衡被打破，为维持碳浓度平衡，渗碳体尖角处会溶解，而平面处会向外生长，最后形成各处曲率半径相近的粒状渗碳体。同时渗碳体片内亚晶界的存在，会产生界面张力，为保持界面张力平衡，在亚晶界处会出现沟槽。由于沟槽两侧曲率半径较小，此处渗碳体将溶解，而使曲率半径增大，破坏了界面张力的平衡，为恢复平衡，沟槽将进一步加深，直至渗碳体溶解。此外，当奥氏体化不充分时，也会以未溶颗粒状渗碳体作为形核核心，直接形成球状珠光体。

4. 亚（过）共析钢的组织形貌

亚共析钢和过共析钢在发生共析转变之前，先析出先共析铁素体和先共析渗碳体，室温下的组织分别是 F+P 和 Fe_3C_{II} +P。

先共析铁素体的形态可分为块状、网状和片状等。在奥氏体成分均匀、晶粒粗大、冷却速度又比较适中时，先共析铁素体可能成片（针）状析出。当奥氏体晶粒粗大、冷却速度较快时，先共析铁素体可能沿过冷奥氏体晶界呈网状分布。

先共析渗碳体的形态可分为粒状、网状和片状。过共析钢在奥氏体成分均匀、晶粒粗大的情况下，从过冷奥氏体中直接析出粒状渗碳体的可能性是很小的，一般是网状或片状的，这样将显著增大钢的脆性。因此，为避免形成网状渗碳体，过共析钢件的退火加热温度必须在 A_{cm} 以下。

工业上将具有片（针）状先共析铁素体加珠光体的组织，或片（针）状先共析渗碳体加珠光体的组织都称为魏氏组织。魏氏组织的出现会导致钢的力学性能恶化，故应避免产生。消除魏氏组织常采用完全退火、正火及锻造等方法如图 4-18 所示。

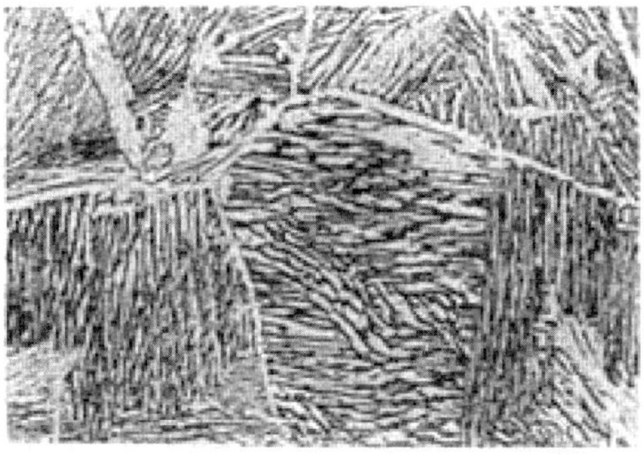
100×

图 4-18　魏氏组织 TC4

本章实验习题

（1）请设计实验和观察流程，选择铸铁材料，采用金相技术，实现对铸铁的显微组织观察。

（2）请设计实验和观察流程，选择有色金属材料，采用金相技术，实现对有色金属的显微组织观察。

（3）请设计实验和观察流程，选择纯铁和碳钢材料，采用金相技术，实现定量分析，确定各相所占百分比，并与依据相图，采用杠杆法则计算进行比较。

（4）请设计实验和观察流程，选择金属铸铁，采用金相技术，实现对金属铸铁进行有效观察，并结合材料科学基础中相关知识进行确认和解释。

（5）请设计实验和观察流程，实现对铝合金细化处理前后的组织观察，确认细化前后晶粒变化规律。

（6）请设计实验和观察流程，选择渗碳或者渗氮处理样品，运用金相技术，实现渗层厚度的测定和渗层组织观察，并运用材料科学基础相关知识，针对渗层不同位置的相组成进行分析和讨论。

（7）请设计实验和观察流程，运用金相技术，实现单晶体的位错观察和位错密度的计算。

第 5 章　扫描电子显微镜

光学显微镜采用可见光作为光源，通过反射和折射等光学物理原理成像，实现对物质表面结构和形貌的观察。电子显微镜是以电子波为光源，将具有一定能量的电子入射到试样表面，通过电子与物质的原子核或核外电子形成的电场发生相互作用，实现对物质结构和形貌进行观察的装置。从本质上讲，它是利用高速运动的电子束代替光束的一种显微镜。根据结构和功能的不同，电镜有不同的种类，包括透射电镜、超高压电镜、高分辨电镜、扫描电镜等。本章重点介绍扫描电子显微镜。

电子显微分析技术大约起源于20世纪30年代，是在光学显微镜的基础之上发展起来的一种表征技术。与金相显微镜相比较，电子显微镜可以实现更高的分辨率。例如，光学显微镜的分辨率为0.2μm，透射电子显微镜的分辨率为0.2nm，也就是说透射电子显微镜在光学显微镜的基础上放大了1000倍。目前，电镜技术已经日趋成熟，成为研究物质微观组织、晶体结构和测定微区化学成分的重要手段，在材料表征分析中得到广泛应用。

在学习电子显微镜的结构及其原理之前，首先必须知道高速电子和物质相互作用，会产生什么后果？这是了解电镜原理必备的基础理论。

5.1　扫描电镜的物理学基础

5.1.1　电子束与物质的相互作用

高速电子与物质的原子核或核外电子形成的电场作用发生散射、电离、辐射、吸收等过程，同时产生出不同物理信号，包括二次电子、背散射电子、特征X射线、俄歇电子、阴极荧光和透射电子等，如图5-1所示。各种物理信号产生的原理不同，携带的能量也不同，电子束与物质相互作用区域的深度、横向扩展幅度均有所差异。在所有的物理信号中，产生X射线的深度最深，电子束在样品内部作用区域横向展宽也最大，而产生的俄歇电子所需要的深度最浅，电子束在样品内部作用区域横向展宽度也最小。

1. 二次电子

二次电子产生的原因主要是入射电子与原子的核外电子相互作用，使核外电子电离所造成的。原子的价电子与原子核的结合能很小，入射电子只需要较少的能量就能激发价电子，而内层电子与原子核的结合能较大，入射电子需要消耗较大的能量才能将其激发。价电子激发的概率远远大于内层电子激发的概率，因此，二次电子绝大多数来自价电子的激发。

二次电子具有如下特点：①二次电子只能从很浅的试样表面激发出来，深度一般小

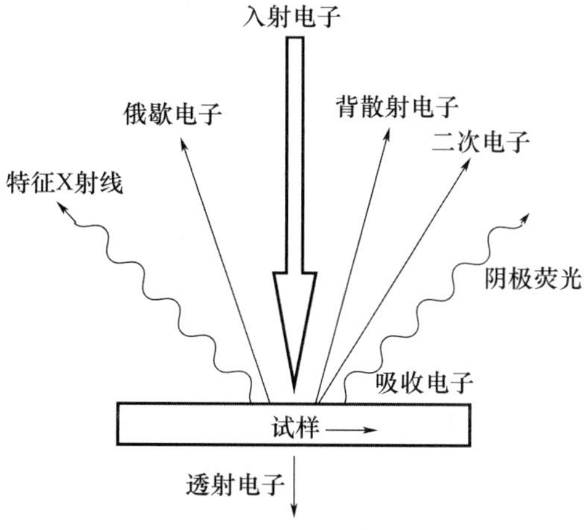

图 5-1　电子与物质相互作用示意图

于 10nm。由于产生二次电子的深度较浅，电子束在样品内部作用区域横向展宽较小，一般只有几纳米，所以二次电子成像的空间分辨率较高。②二次电子能量较低，能量一般小于 50eV。③二次电子的产生数量和入射电子与试样表面法线的夹角相关，夹角越大，二次电子产生数量越多。

二次电子对样品的表面形貌十分敏感，因此，能非常有效地显示样品的表面形貌。

2. 背散射电子

背散射电子是入射电子受到原子核散射后重新逸出试样表面的电子。背散射电子是从相对较深的样品内部发射出来的，一般为 0.1～1μm，入射电子束在这个深度时已经有了一定的横向扩展。因此，背散射电子成像的空间分辨率比二次电子像要低。背散射电子的能量较高，接近入射电子的能量。背散射电子的产生数量与元素的原子序数相关，扫描电镜利用这个特性反映试样的原子序数分布，即成分分布。

3. 特征 X 射线

入射电子激发出原子的内层电子后，原子处于能量较高的激发态或者离子态，这种能态是不稳定的，高能壳层的电子向内层跃迁以填补空位；多余的能量以 X 射线的形式释放。对于一种元素来说，高能壳层电子和被激发的内层电子之间的能级差是特征性的，因此，每种元素所释放的 X 射线具有特定的波长，被称为特征 X 射线。特征 X 射线的强度与元素的浓度直接相关。扫描电镜就是通过探测特征 X 射线的能量和强度来分析物质所含元素的种类和含量。

4. 俄歇电子

当原子内层电子被激发出原子之后，原子从激发态转变为基态的过程中，高能壳层的电子跃迁到内层电子空位时，将多余的能量传给另外一个电子，使其脱离原子系统，这种电子为俄歇电子，以发现此过程的法国物理学家 Pierre Auger 命名。

俄歇电子一般源于样品表面以下几纳米，由于电子壳层之间的能级差是特征的，因此俄歇电子具有特征能量，携带试样成分信息，反映试样表面几个原子层的特性，能够用于表面化学成分分析。

5. 阴极荧光

有些材料在高能电子的轰击下会发出可见光，称为阴极荧光。阴极荧光的产生过程是价电子从激发态跃迁到基态时，多余能量以可见光的形式释放出来，对于某些半导体材料，释放的能量大小为价带和导带的能量间隔。因此，阴极荧光也携带了某些材料的成分信息。

5.1.2 激发电子成像原理

扫描电子显微镜中常用的信号是二次电子、背散射电子和特征 X 射线，阴极荧光和俄歇电子用得较少。扫描电镜最基本的功能是收集二次电子信号使之成像，来观察试样的表面形貌特征，同时也能收集背散射电子信息，分析试样原子序数，还能利用能谱仪收集特征 X 射线的能量和强度进行定量的成分分析。

1. 二次电子成像

如图 5-2 所示，设电子束与试样表面法线的夹角（入射角）为 θ，产生二次电子的深度为 R，逸出表面的最短距离为 $R\cos\theta$。

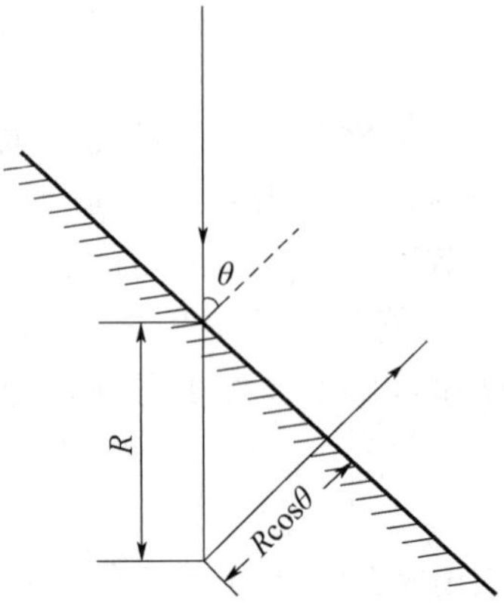

图 5-2　电子束入射角与二次电子出射距离的关系

从几何关系可以看出，入射角越大，逸出表面的距离越短，这意味着逸出二次电子的概率越大。因此，二次电子的产额越多。设入射电子束强度为 I_b，二次电子信号强度为 I_s，二次电子产额为 δ，则有以下关系成立：

$$\delta = \frac{I_s}{I_b} \propto \frac{1}{\cos\theta} \tag{5-1}$$

因此，二次电子的产额对试样的表面状态非常敏感。由图 5-2 显示的电子束的入射角与二次电子出射的距离的关系中，可以看出：试样表面的尖角、台阶、小颗粒、坑穴边缘等部位，电子束的入射角大，所以会产生较多的二次电子，其图像较亮；而在平面处产生的二次电子少，图像较暗，在沟槽、深坑等部位虽然也能产生较多的二次电子，但是不易被探测器收集，图像也较暗。按照此原理，如果试样表面光滑平整，则不形成衬度；而对于表面凹凸不平的试样，其形貌可看成由许多不同倾斜程度的面构成，这些细节发射的二次电子数不同，从而产生明暗对比清晰的表面形貌衬度像。因此，可以通过收集二次电子进行成像，用来分析材料表面的形貌特征。

2. 背散射电子成像

一般习惯将大于 50eV 的电子统称为背散射电子，而低于 50eV 的电子称为二次电子。背散射电子包括弹性背散射电子和非弹性背散射电子。前者电子能量没有发生变化，只是改变了运动方向，后者能量和方向都发生了变化。背散射电子与入射电子的电流之比为背散射电子的反射率。实验表明：反射率与入射电子的能量关系较小，但是会随原子序数增大而增加。因此，背散射电子主要反映试样表面的原子序数分布特征。试样上平均原子序数大的部位产生较强的背散射电子信号，在图像上形成较亮的区域，平均原子序数较低的部位则产生较少的背散射电子，在图像上形成较暗的区域，这样就形成明暗清晰的原子序数衬度图像。扫描电子显微镜就是利用背散射像来观察试样表面不同原子序数分布情况。目前，背散射电子探测器可以区分出平均原子序数相差 0.1 的两种相。

3. 特征 X 射线及成分分析

前面已经提到，如果入射电子与原子内层电子作用并使之电离，当高能壳层的电子向内层跃迁以填补空缺时，会释放出特征 X 射线。X 射线线系根据出现空位的壳层以及跃迁电子壳层来定义。原子内层电子分为 K、L、M、N、O、P 层，如图 5-3 所示，如果 K 层电子被激发留下空位，由此产生的 X 射线称为 K 系 X 射线。如果向内跃迁填补空位的电子来自 L 壳层，产生的 X 射线被称作 K_α 射线。向内跃迁的电子来自 M 层，产生的 X 射线被称作 K_β 射线。向内跃迁电子来自 N 层，则 X 射线为 K_γ 射线。同理，由 L 层电子被激发产生的 X 射线称为 L 系 X 射线，同时 L 系 X 射线又有 α、β、γ 之分。

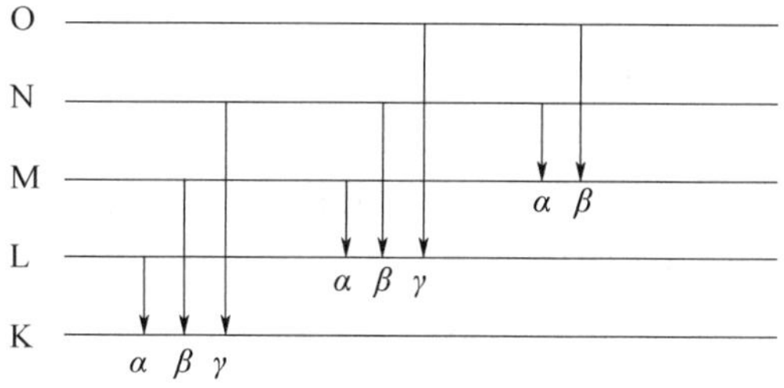

图 5-3　特征 X 射线能级图

特征 X 射线的能量与原子序数的关系遵从如下莫赛来定律，即

$$v = K(Z-\sigma)^2 \tag{5-2}$$

式中，v 为特征 X 射线的频率；K 和 σ 为相关的常数；Z 为原子序数。从式（5-2）中看出：特征 X 射线频率与原子序数的平方有着线性关系，因此，X 射线携带着元素种类的信息。

在激发条件相同的情况下，X 射线的强度与该元素的浓度呈正比。一般定量测试元素浓度需要有已知浓度的标准样品，而且待测试样和标准试样的元素浓度近似相同。待

测试样 i 元素的 X 射线强度 I_i 与标准试样中该元素的 X 射线强度 $I_{(i)}$ 的比值为 K，这个比值近似等于该元素在待测试样中的浓度 C_i 与标准试样中的浓度 $C_{(i)}$ 的比值，待测试样中的元素浓度：

$$K=\frac{I_i}{I_{(i)}}\approx\frac{C_i}{C_{(i)}} \tag{5-3}$$

待测试样和标准试样需要在相同的条件下测试，测出的相对强度比值必须很精确。此外，由于存在原子序数效应、X 射线吸收效应、荧光效应等几种效应，还需要对比值进行修正才能得到正确的数据。常用的修正方法被称作 ZAF 方法，修正方法见式（5-4）：

$$K=\frac{C_i}{C_{(i)}}\times\frac{(ZAF)_i}{(ZAF)_{(i)}} \tag{5-4}$$

式中，Z 为原子序数修正因子，这是由于电子束散射与原子序数有关所进行的修正；A 为吸收修正因子，是由试样对 X 射线吸收所进行的修正；F 为荧光修正因子，是由特征 X 射线产生的二次荧光所进行的修正。一般能谱分析仪中均有 ZAF 定量分析程序。

4. 俄歇电子及其能谱技术

如前所述，俄歇电子是指外壳层电子填补内壳层空穴所释放出来的能量激发了外壳层的另外一电子，并且使得它脱离原子核，逃逸出固体表面的电子。因为不同的元素原子具有它特征的俄歇电子能量，也就是具有特征的俄歇峰。所以，激发的俄歇电子可以用来鉴别元素。

对于原子序数为 Z 的原子，俄歇电子的能量可以用下面经验公式计算：

$$E_{WXY}(Z)=E_W(Z)-E_X(Z)\ E_Y(Z\Delta) \tag{5-5}$$

式中，$E_{WXY}(Z)$ 代表原子序数 Z 的原子，W 空穴被 X 电子填充得到的俄歇电子 Y 的能量；$E_W(Z)-E_X(Z)$ 为 X 电子填充 W 空穴时释放的能量；$E_Y(Z\Delta)$ 为 Y 电子电离需要的能量。因为 Y 电子是在已经具有一个空穴的条件下电离的，因此，该电离能量等于原子序数为 Z 和 Z_1 之间的原子的电离能量，其中 $\Delta=1/2-1/3$。根据上述能量计算公式和各元素的电子电离能量，可以计算出俄歇电子的能量，制成谱图手册。在这种情况下，如果能够测得俄歇电子的能量，就可以通过对照现有的俄歇电子能量图表，确定样品表面的成分。当一次电子激发出多个电子时，会出现多次的俄歇跳跃，所以，谱图上相应出现多组俄歇峰位，依靠这些俄歇峰位除了可以定性分析外，还可以实现元素的半定量分析。

目前实现上述元素分析的仪器称为俄歇能谱仪，其结构通常包括激发样品的电子束源、能量分析器、检测系统以及超高真空系统。俄歇能谱技术是 20 世纪 50 年代基于俄歇电子发展起来并于 60 年代末期获得技术突破，目前已迅速地发展成为强有力的固体表面化学分析方法。

5.2 扫描电子显微镜原理及组成系统

5.2.1 扫描电镜原理

电子显微镜（Electron Microscope，EM），简称电镜，如图 5-4 所示为中科院亚热带农业生态研究所提供的电子显微镜图片。经过 50 多年的发展，电子显微镜已成为现代科学技术中不可缺少的重要工具。其主要原理就是利用电子照到样本表面，反射成像，这种显微镜只能观察样本表面，它是基于光学显微镜发展而来的。

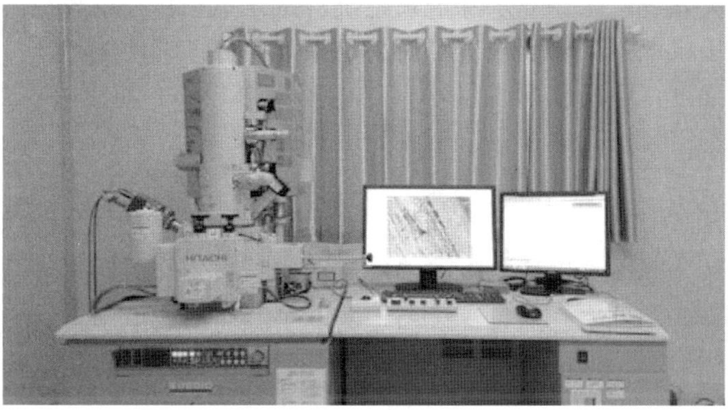

图 5-4　扫描电镜实物图

扫描电镜的结构原理示意图如图 5-5 所示，其主要机理流程是电子光源→聚焦光源→样品表面扫描→信号收集、放大→成像。其中电子光源主要指通过电子枪将电子加速和聚焦后发射出来的电子束，该电子束经过聚光镜和物镜折射聚焦，形成纳米尺度的直径后，入射到试样表面。样品表面扫描是借助同步扫描发生器控制显示屏阴极射线管的扫描线圈，实现电子束在试样表面严格地逐点逐行同步扫描。扫描过程中被激发出的电子信号被相应的探测器收集，经过放大后，被调制成显示屏上相对应点的亮度。最后，通过亮度的不同形成反映试样形貌特征或者成分信息的显微图像。

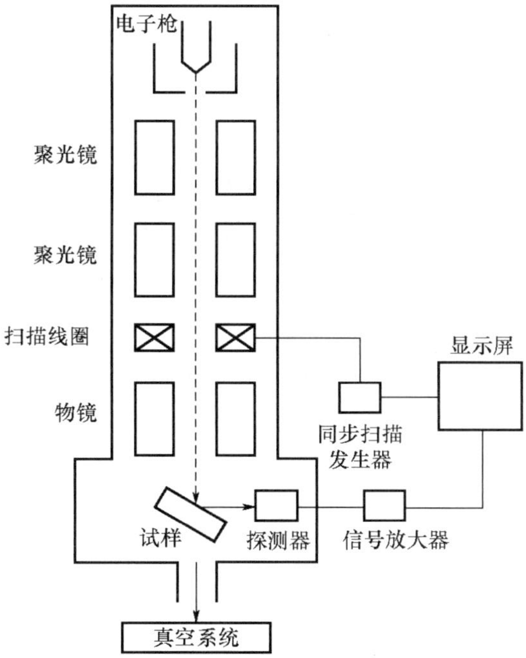

图 5-5　扫描电镜的结构原理示意图

5.2.2 扫描电镜的组成系统

扫描电镜主要包含电子枪和电磁透镜在内的电子光学系统、电磁偏转系统、扫描系统、信号检测放大系统、图像显示和记录系统、试样室和真空系统等。电子光学系统主要是给扫描电镜提供电子束，要求电子束满足如下条件：①性能稳定；②具有一定可控的能量和足够的强度，电子能量发散小；③电子束直径小、亮度高、束斑大小可调节；④扫描范围可根据需要进行选择；⑤形状完美对称。

1. 电子光学系统

电子光学系统主要由电子枪、电磁透镜、透镜光阑等几部分组成。电子枪是产生具有确定能量电子束的部件，它通过提供稳定的电子源而形成电子束，经过电磁透镜和透镜光阑进一步聚焦缩小，形成直径为几纳米的高能电子束，入射到试样表面。

(1) 电子枪。

目前常用电子枪大致为两种：热电子发射型和场发射型。热电子发射型电子枪主要发射材料为钨和六硼化镧。场发射型电子枪又分为冷场发射式和热场发射式两种类型。电子枪的种类不同，电子束的汇聚直径、能量发散度、束流密度、亮度、电流稳定度及电子源寿命等均有差异。热电子发射型电子枪的结构如图 5-6 所示，由阴极灯丝、阳极加速管和栅极组成。阳极加速管接地，阴极灯丝位于负电位，栅极上有更高的负电压。当阴极灯丝被加热时，高温使电子获得足够的能量去克服电子枪阴极材料的功函数势垒逃逸而从阴极发射。由于阴极灯丝和阳极加速管之间有很高的电势差，发射的热电子被阳极所加速。栅极上加一个更高的负电压，与灯丝之间用偏压电阻连接，用来调节电子束的电流密度。三个电极共同作用，相当于一组静电透镜，电子在其中被折射和加速。在阳极孔附近汇聚成第一个最小光斑点，这就是电镜的光源。

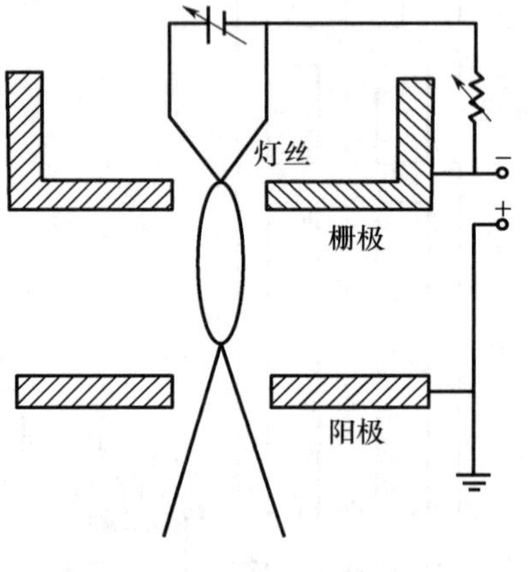

图 5-6 热电子发射型电子枪示意图

衡量电子枪质量的两个重要指标：

①束流。电子束的电流密度也称电子的束流，其大小可以表征电子的数量，它是衡量电子枪性能的重要指标。根据 Richardson-Dushman 公式，电流密度可以按照下式计算：

$$j = A T^2 e^{-\phi/k_B T} \tag{5-6}$$

式中，j 为电流密度；A 为常数；T 为阴极发射的绝对温度；k 为玻尔兹曼常数；ϕ 为功函数。对电流密度有较大影响的是温度 T 和阴极材料的功函数 ϕ 。理想的情况是电子枪尽可能在较低温度工作以减少阴极材料的挥发和损耗，这就要求阴极灯丝采用具有低功函数的材料。热发射型电子枪的阴极灯丝材料主要有金属钨和六硼化镧，功函数分别约为 4.5eV 和 2.4eV。相比于金属钨，六硼化镧工作温度和功函数都比较低，但是六硼化镧的化学活性强，对真空度要求比钨丝高。另外，六硼化镧的制造工艺也比钨灯丝复杂，成本较高。

②亮度。电子束的亮度是指单位立体角的电流密度。根据 Langmuir 公式，电子束亮度的最大值可以由下式确定：

$$\beta = j \frac{eU}{\pi k T} \tag{5-7}$$

式中，j 为电子流密度；U 为电子枪的加速电压；k 为玻尔兹曼常数；T 为阴极发射的绝对温度。从上式中看出，加速电压、温度和电流密度共同决定着电子束的最大亮度。

场发射的物理学原理是通过在金属表面施加一个强电场，弱化阴极金属势垒，增加金属中的自由电子逸出表面的概率。为了实现这一点，从电子枪结构上，相对于热电子发射型电子枪，场发射型电子枪在阴极灯丝和加速阳极之间加入一个抽取电极并施加电压，抽取电极和阳极共同作用，实现吸取电子、聚焦以及加速电子的功能。

场发射电子枪的发射体是钨单晶，并有一个极细的尖端，其曲率半径为几十纳米到 100nm，在钨单晶的尖端加上强电场，利用量子隧道效应就能使其发射电子。场发射式电子枪亮度比钨灯丝和六硼化镧灯丝的亮度高上百倍，能量发散到 0.2～0.3eV。因此，场发射扫描电镜（FE-SEM）在 1972 年实现商品化后，就将扫描电镜的分辨率推向了新的高度，目前高分辨率扫描电镜均采用了场发射式电子枪。

场发射型电子枪具有冷场发射式和热场发射式两种。冷场发射式电子枪工作温度为室温，真空状态可以达到高真空 10^{-8}Pa，同时定时短暂加热针尖至 2500K，以去除阴极所吸附的气体分子。

热场发射式电子枪是在 1600～1800K 温度下工作，避免了气体分子吸附，可以在较差的真空度下（10^{-7}Pa）工作，同时保留了冷场发射的优点。与冷场发射电子枪比较，亮度相似，但其电子能量发散度较高，分辨率较差。

（2）电磁透镜。

电子光学系统中的通电线圈称作电磁透镜。通电线圈可以产生磁场。电镜中的短线圈通电后会产生旋转对称的非均匀磁场，该磁场能够改变电子的运动方向，并能产生折射电子的作用，电子运动通过通电线圈时产生的这种效果与光学透镜对可见光的折射和聚焦的效果类似，电磁透镜类似光学中的凸透镜。

虽然电磁透镜和凸透镜非常相似，但电子束轨迹和光学中的光线还是有较大差别的。几何光学中的光线在过凸透镜时是折线；而电子束在过磁透镜时，由于洛伦兹力的作用，其轨迹是同时进行的旋转和折射的混合运动。按照经典物理学理论，在通电短线圈中，当电子运动的方向与磁场呈一定角度时，电子的运动轨迹为圆锥螺旋状，最终电子会落到主轴上，与主轴的交点也就是电磁透镜的焦点。所以，电磁透镜在功能上起着能够汇聚电子枪发射的电子束的作用。通过电磁透镜，可以实现束流宽度、孔径角、束斑大小调节以及减小亮度的损失。因此，电磁透镜决定着最终照射到试样上的电子束的尺寸，也就是它与扫描电镜的空间分辨率密切相关。

电磁透镜主要有静电透镜和磁透镜两种。一些特定形状的并呈旋转对称的等电位曲面簇可以使得电子束在库仑力的作用下进行聚焦，形成这些等电位曲面簇的装置就是静电透镜。静电透镜在扫描电镜中使用相对较少。磁透镜是利用电子束在旋转对称的磁场中受到洛伦兹力的作用并会产生聚焦作用这一原理制成的线圈装置。磁透镜主要包括聚光镜和物镜。一般的扫描电镜中都会采用三级透镜，前两级强励磁透镜一般为聚光镜，特点是焦距很短，作用是把电子枪形成的直径为几十微米的束斑缩小到几微米至几纳米的范围。后一级弱励磁透镜为物镜，焦距较长，可避免磁场对二次电子轨迹的干扰，而且可以提高测试景深。

(3) 光阑。

一般聚光镜和物镜之间都有光阑，光阑的作用是为了挡掉大散射角的杂散电子，提高电子束的质量，得到平行性好、发散度小的电子束，确保入射到试样上的电子束直径尽可能小。电镜中的光阑和很多光学器件里面的孔径光阑或者狭缝非常类似，一般大小在几十微米左右，可以根据不同的需要选择不同大小的光阑。

光阑在使用过程中，要注意光阑清洁和良好的合轴，这两点至关重要，可以直接影响扫描电镜的图像质量。例如，如果光阑合轴不佳，会产生像散现象，引入额外的像差，降低分辨率。长时间使用的光阑会吸附其他物质受到污染，导致光阑孔不再是完美对称的。此时，通过的束斑就不能保持对称的圆形，从而降低电镜图像质量。此外，光阑偏离也会导致电子束不能通过光阑或者部分通过光阑，目前光阑的对中调节有手动旋拧和电动马达调节两种方式。

2. 其他相关系统

(1) 电磁偏转系统。

凡是利用垂直于电子束运动方向的电场和磁场使电子束改变方向或发生偏转的电子光学系统，统称为电磁偏转系统，其作用是将电子束对中。电磁偏转系统一般包括两组偏转线圈，分别在电子枪和聚光镜中间，以及物镜和试样中间。两组偏转线圈的主要目的同样是将电子束对中，获得分散度小、亮度高的同轴电子束。

(2) 扫描系统及其放大系统。

扫描系统由同步扫描信号发生器、扫描放大器和扫描线圈组成。同步扫描信号发生器产生的信号经扫描放大器放大后，同时控制电镜镜筒的扫描线圈和阴极射线管的扫描线圈，使得两者在试样表面和显示屏上做同步扫描。扫描电镜镜筒中的扫描线圈使电子束试样表面沿 X、Y 两个方向进行偏转，可实现电子束定点、线扫描、面扫描的功能，同时改变扫描区域的大小和调节放大倍数。

(3) 真空系统和试样室。

试样室中的主要部件是试样台。试样台可以实现三维移动、转动和倾斜。近年来，高端扫描电镜不仅分辨率提高，还能在样品室中安装加热和冷却装置，为试样提供所需要的测试温度环境，实现高低温在线原位观察。

在电子显微镜中，需要真空系统，否则电镜不能正常工作。电子显微镜中入射的是电子信号，检测的也是电子信号，所以，其系统运行过程中的核心实质上是电子信号的产生和运行。不仅如此，电子信号在运行过程中，如果与其他粒子，如空气分子相碰撞，电镜将无法正常工作。因此，入射电子和出射电子运动的整个路径，包括电子枪和试样室在内，都需要保持在真空条件下才能保证电镜的正常工作。

场致发射扫描电镜试样室的真空度依靠机械泵加油扩散泵，或机械泵加涡轮分子泵的组合实现，其中涡轮分子泵比油扩散泵可以得到更加清洁的真空环境，其电子枪部分的真空需要离子泵实现。

5.3　电子显微镜的分辨率

1. 光学显微镜的分辨率极限

如前文所述，光学显微镜主要以可见光为光源，利用光学透镜来完成光线的折射和聚焦。由于光的波动性和衍射效应，物体上一个几何物点通过透镜成像时，在像平面上得到的并不是一个理想的像点，而是一个中央最亮周围有一组明暗相间同心圆环的光斑，即艾里斑。根据衍射理论，艾里斑的半径 R_0 为

$$R_0 = \frac{0.61\lambda}{n\sin\alpha}M \tag{5-8}$$

式中，λ 为可见光波长；n 为透射介质折射率；α 为透镜孔径半角；M 为透镜放大倍数。

显微镜的分辨率定义为显微镜能够分辨的最小间距，用 d 来表示，数值上等于两个艾里斑中心间距等于其半径时，两个像点的间距。由式（5-8）得到的 d 表达式如下

$$d = \frac{R_0}{M} = \frac{0.61\lambda}{n\sin\alpha} \tag{5-9}$$

对于光学显微镜，当 $n\sin\alpha$ 达到最大值 1.5 时，式（5-9）简化为

$$d \approx \frac{\lambda}{2} \tag{5-10}$$

由式（5-10）可以清楚地看出，半波长是光学显微镜分辨率的理论极限。可见光的最短波长约为 400nm，因此，光学显微镜的最高分辨率为 200nm 左右。

2. 电子波长及电子显微镜分辨率

电子具有波动性，其波长与运动速度和质量呈反比：

$$\lambda = \frac{h}{mv} \tag{5-11}$$

式中，h 为普朗克常数；m 是电子质量；v 为电子的运动速度。电子的运动速度和加速电压 U 之间的关系：

$$eU = mv^2/2 \tag{5-12}$$

其中 $e=1.6\times10^{-19}$C，由式（5-11）和式（5-12）得：

$$\lambda = \frac{h}{\sqrt{2emU}} \tag{5-13}$$

根据式（5-12）和式（5-13）可以得出加速电压U越高，运动速度v越大，电子的波长λ越短。当电子的速度与光速可以相比时，电子的质量需要考虑相对论效应，即

$$m=\frac{m_0}{\sqrt{1-\left(\frac{v}{c}\right)^2}} \tag{5-14}$$

式中，m为运动的电子的质量；m_0为静止的电子的质量；c为光速。经过相对论校正后可以计算出，当加速电压在200kV时，电子的波长要比可见光波长小5个数量级。由于光的波长限制着光学显微镜的分辨率，因此可以想象，如果采用电子作光源，显微镜的分辨率可以大大提高，事实上，近代电子显微镜的分辨本领能够达到纳米级；另外，电场和磁场可以改变电子的运动方向，与光学透镜对可见光的折射效果类似，从而能够实现电子束的聚焦。以上两点是电子波能够成为显微镜光源的物理基础。

5.4 电子显微镜的主要性能指标

1. 放大倍数和分辨率

金相显微镜的放大倍数一般定义为像的尺寸与物的尺寸的比值。在扫描电镜中，同样可以这样定义，即放大倍数等于图片的显示宽度与电子束在试样上的扫描宽度的比值，也就是显像管上扫描幅度与样品上扫描幅度之比。

在扫描电镜中，电子束在试样表面上的扫描和阴极射线管在显示屏上的扫描保持着精准的同步，若电子束在试样表面扫描的幅度为A_s，阴极射线在显示屏同步扫描的幅度为A_c，则扫描电镜的放大倍数为

$$M=\frac{A_c}{A_s} \tag{5-15}$$

光学显微镜的有效放大倍数约为1000倍，而电子显微镜的有效放大倍数能达到几十万倍，现代商业化扫描电镜的放大倍数可以从几十倍到几十万倍可调。而且扫描电镜放大倍数的改变可以通过改变电子束在试样表面的扫描范围，也就是可以依赖电路上的处理来实现。例如，如果减少扫描线圈的电流，电子束在试样上的扫描幅度减小为0.01mm，放大倍数为10000倍。

2. 分辨率

关于分辨率，前面理论上比较了电镜的分辨率与金相显微镜分辨率。对于扫描电镜来讲，其分辨率一般是在指定情况下拍摄图像，测量两亮区之间的暗间隙宽度，然后除以总放大倍数的最小值。在本质上，与金相显微镜分辨率具有相似的定义。影响扫描电镜分辨率的因素主要有电子束直径、调制信号类型等，其中直接影响因素是照射到试样上电子束斑的直径，一般情况下，入射电子束直径越小，扫描电镜分辨率越高。当入射电子束进入浅层表面时，扫描电镜的分辨率直接等于入射电子束直径，如入射电子能激发二次电子和俄歇电子的样品表层厚度分别在5～10nm和2～5nm范围，束斑直径和成

像检测单元，即像点的大小一致，分辨率相当于束斑的直径。但是如果入射电子束进入样品较深部位时，发生横向扩展，此时，扫描电镜的分辨率并不直接等于入射电子束直径，因为电子束在样品内的有效激发范围大大超过入射电子束直径，如采用 X 射线调制成像，其分辨率相对很低。通过这些事实可以看出，扫描电镜分辨率的高低还与检测信号的种类有关，不同调制信号具有不同的分辨率，前面述及的背散射电子、二次电子、特征 X 射线、吸收电子和俄歇电子，它们的分辨率分别为 50～200nm、5～10nm、100～1000nm、100～1000nm 以及 5～10nm，根据这些数据可以看出，二次电子和俄歇电子的分辨率不高，而特征 X 射线调制成显微图像的分辨率最低。除去上述两种主要因素外，扫描电镜的分辨率还受到样品原子序数、杂散磁场、机械振动等因素的影响。此外，需要注意的是，电子束射入重元素样品中时，作用体积不是呈现滴状，而是半球状。电子束进入表面后立即向横向扩展，因此，在分析重元素时，即使电子束的束斑很细小，也不能达到较高的分辨率。

3. 扫描电镜的景深

当像距不变时，在保证图像清晰的前提下，允许物点移动的最大纵向距离为透镜的景深。扫描电镜的景深对电镜的成像质量起着关键性的作用。它是一个透镜对高低不平的试样各个部位能清晰成像的一个能力范围。

在理想的透镜中，即不考虑其球差、色差和像散的影响，只考虑衍射效应，景深 D 有以下关系

$$D_1 = \frac{2\left(\frac{R_0}{M}\right)}{\tan\alpha} \tag{5-16}$$

式中，M 为透镜的放大倍数；α 为孔径半角。图 5-7 为景深示意图。图 5-7 表明如果景深为 D_s，只要样品表面高低范围值小于 D_s，则在荧光屏上就能清晰地反映出样品的表面形貌。与一般的光学显微镜相比较，扫描电镜可以实现更大的景深，因此，扫描电镜图像的立体感强，即使对于表面极为粗糙的断口试样，也能得到清晰的图像。

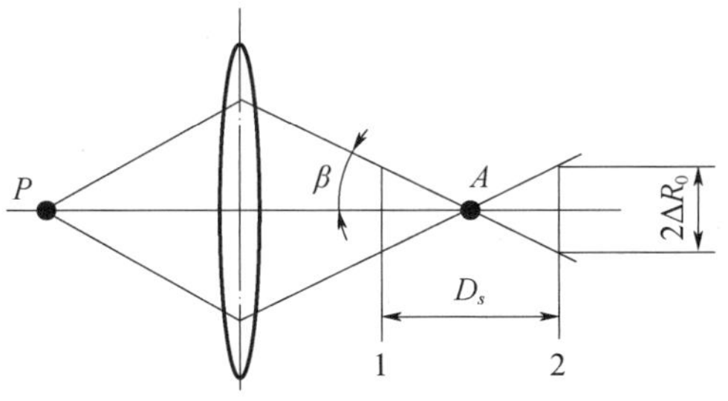

图 5-7　景深示意图

5.5　电磁透镜成像质量

电磁透镜和光学透镜有类似的作用和特点，除了能对电子束有聚焦和放大的作用外，由于电磁透镜所成的像与理想像点会有不同，所以，成像也会产生偏差，将由此产

生的这些误差都统称为像差，主要包括球面像差、色差和像散。

1. 球面像差

在电磁透镜中，通电线圈产生的磁场在不同部位对电子的折射能力不同，靠近轴的区域磁场对电子的折射能力弱，而远离轴的区域对电子的折射能力强。所以，轴上的物点发出的散射电子束，经过电磁透镜折射后到达像平面，并不是形成一个对应的像点，而是产生一定的球差，如图 5-8 所示。所以，所谓的球面像差是由电磁透镜近轴的区域磁场和远轴的区域磁场对电子束的折射能力不同而产生的像差。球面像差的大小可以采用下式进行描述：

$$\Delta r_0 = \frac{1}{4} C_s \alpha^3 \tag{5-17}$$

式中，C_s 为球差系数；α 为孔径半角。从式（5-17）中看出，减小球差系数和孔径半角可以减小球差的大小。

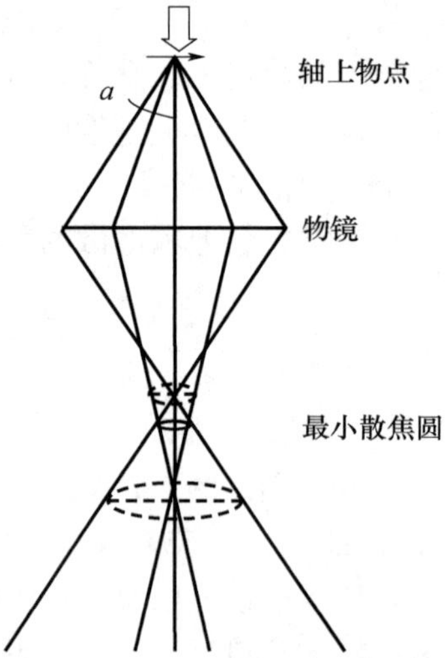

图 5-8　球差的形成示意图

2. 色差

成像电子的能量如果不同，根据物理学知识，电子在透镜磁场中的运动速度就会不同。而电子的运动速度又与电磁透镜的焦距呈正比，所以，波长较长的低速电子聚焦在前面，波长较短的高速电子聚焦在后面，两个焦点之间有一个最小半径的像点，即色差。色差可以通过下式表示：

$$\Delta r_e = C_e \alpha \left| \frac{\Delta E}{E} \right| \tag{5-18}$$

式中，C_e 为色差系数；α 为孔径半角；$\frac{\Delta E}{E}$ 为电子能量的波动。为了降低色差，必须提高电子的加速电压的稳定性和透镜电流的稳定性。此外，色差系数与电磁透镜的磁场大小有关，磁场强度越大，色差系数越小。减小孔径半角、降低电子能量的发散度均能够减小色差。

3. 像散

像散是指由于发光物点发出的光束与光学系统的光轴有一倾斜角，经透镜折射后，光束不能聚焦于一点，出现不清晰成像的现象。在实际的电镜系统中，像散的一个来源往往和透镜磁场的非旋转对称所引起的像差有关。

透镜在加工制备过程中由于存在加工误差，透镜磁场产生椭圆度，椭圆磁场长轴和短轴上的聚焦能力会存在差异，从而引起像散，此时，像散的大小可以用式（5-19）来表示

$$\Delta r_A = \Delta f_A \alpha \tag{5-19}$$

式中，Δr_A 为像散系数，等于磁透镜出现椭圆度时造成的焦距差；α 为孔径半角。从式（5-19）中看出，减小磁透镜尺寸的加工误差和孔径半角能够减小色差。值得一提的是，实际操作中，像散是通过复杂的透镜组合来消除。

此外，由于电子的波动性和物镜的光阑会引起电子束的衍射效应，衍射会造成几何物点在像平面上的一个强度分布，产生一个弥散的圆斑，即衍射差，其半径 ΔR_f 满足以下关系

$$\Delta R_f = \frac{1.22\lambda}{\alpha} \tag{5-20}$$

式中，λ 越小，α 越大，衍射差越小。

4. 影响图像分辨率的因素

扫描电镜中，影响图像分辨率的直接因素是最终照射到试样上的电子束斑的直径。结合上面讨论的球差、色差、像散和衍射效应的影响，最终到达试样的电子束斑直径 d，可以用式（5-21）表示：

$$d^2 = d_0^2 + d_s^2 + d_e^2 + d_f^2 \tag{5-21}$$

式中，

$$d_0 = \frac{2}{\pi}\sqrt{\frac{I_c}{\beta}}\frac{1}{\alpha};$$

$$d_s = \frac{1}{2}C_s\alpha^2;$$

$$d_e = 2C_e\alpha\left|\frac{\Delta E}{E}\right|;$$

$$d_f = 1.22\times10^{-8}\sqrt{\frac{150}{U}}\frac{1}{\alpha}$$

d_0 为电子束的高斯直径；d_s 为由于球差所造成的电子束散漫圆斑直径；d_e 为由于色差所造成的电子束散漫圆斑直径；d_f 为由于电子衍射效应所造成的电子束散漫圆斑直径；I_c 为满足信噪比所要求电子束流强度的下限值；β 为电子枪的亮度；α 为电子束的孔径半角；U 为电子束的加速电压；C_s 为透镜的球差系数；C_e 为透镜的色差系数。

从式（5-21）中看出，电子束斑直径是由电子枪的亮度、电子束的加速电压、电子束的孔径半角、透镜的球差系数和色差系数共同决定。一定束斑电流条件下，可以通过改善以下条件来提高分辨率，如提高电子束的加速电压、提高电子束斑的亮度、采用小

的物镜光阑和小的工作距离，减小球差、色差等。

5.6 扫描电镜的使用

1. 样品的制备

扫描电镜的样品可以是薄膜、块体或者粉末，其中块状样品制备简单。导电样品材料的试样制备最为简单。只要使试样大小不超过仪器规定，然后用双面胶带粘在载物盘，再用导电银浆连通试样与载物盘，以确保导电良好，之后就可放到扫描电镜中直接进行观察。如果是新的断口和断面，可以无须处理，以免破坏断口的状态。

非导电性的块状材料试样的制备也比较简单，基本可以像导电块状材料试样的制备一样，但是要注意的是在涂导电银浆时，一定要从载物盘一直连到块状材料试样的上表面，因为观察时电子束是直接照射在试样的上表面的。利用扫描电镜观察高分子材料（塑料、纤维和橡胶）、陶瓷、玻璃及木材、羊毛等不导电或导电性很差的非金属材料时，需要先镀上一层导电膜，然后进行电镜观察。

对于粉末样品来说，在样品制备过程中，要确保厚度均匀，表面平整，且量不要太多，同时必须要牢固的粘贴在导电胶上。样品放入扫描电镜前需用较大气流吹扫（推荐使用除尘气罐或压缩气体），以便将未粘牢的样品颗粒吹掉。粉末样品团聚严重时，可以考虑将粉末混合在易挥发溶剂中（如纯水、乙醇、正己烷、环己烷等），配成一定浓度的悬浊液，用超声分散，然后取小滴滴在试样座或者硅片、铜（铝）导电胶带上。测试的粉末样品个数较多时，制备过程中注意防止样品交叉污染。切记不要在放置电镜房间内吹扫样品，以免飞起的样品颗粒污染电镜。

2. 基本的操作

（1）加速电压的选择。

高的加速电压有利于提高分辨率、信噪比和灰度反差，但是会形成较深的穿透深度和热损伤，无法观察到真实的表面形貌。所以，使用者要预先充分考虑样品特点，选择合适的加速电压。原子序数越大的材料，如金属试样，一般选择较高的加速电压，轻元素组成的试样、导电性不好或者不导电样品一般选择较低的加速电压。

（2）聚光镜电流的选择。

调节聚光镜电流可以改变电子束直径的大小。要获得最佳的图像质量，必须兼顾分辨率和二次电子信号强度两者之间的平衡，还要考虑边缘效应、亮度、衬度反差等问题。

工作距离是指物镜光阑到样品表面的距离。观察样品时，根据实际要求，选择合适的工作距离。通常工作距离在2～45mm可调；要求高分辨率时，可以采用5mm以下；要求加深景深时，采用30mm以上。除此特殊要求之外，常用的工作距离为25～35mm。

（3）物镜光阑的选择。

电子束通过最后一个物镜和光阑之后将照射到样品上。通过调整光阑的孔径，可以有效地聚焦发散电子、减小球差，从而得到好的图像。光阑孔径越小、电子束斑直径越小，分辨率越高、景深越大、背底信号减小、信噪比降低。相反，光阑孔径越大，电子束斑直径越大，分辨率降低、景深越小，所以，使用者需要权衡多方面因素选择最佳的物镜光阑孔径。一般来说，5000 倍的放大倍数可以用 300μm 孔径的光阑，10000 倍以上需要用 200μm 孔径的光阑，高分器率时则要用 100μm 孔径的光阑。

（4）聚焦。

在电子光学系统中的磁场或静电场不能满足轴对称的要求时，就会产生像散。像散的特征是在过焦和欠焦时图像细节在互为 90°方向上拉长。消像散需要调整消像散器，方法是利用拉出像散最大时的两个位置、将调焦钮置于中间位置，然后反复调消像散钮，直至图像最清楚为止。

（5）电子光学系统同轴。

电子束进入电磁透镜系统，经过聚光镜及物镜照射到样品上。只有电子束与电子光学系统的中心同轴时，即电子束对中，才能实现最大亮度。电子束对中包括电子枪合轴和物镜光阑合轴两个过程。电子枪合轴可通过调整电子枪上的合轴螺栓和电磁对中线圈的电流来调整电子束的方向。物镜光阑合轴通过调整物镜光阑螺栓来微调物镜光阑位置来完成，直至在调焦时图像不漂移为止。

扫描电镜的详细操作步骤见后续实验一。

实验一　扫描电镜及试样的显微电子图像观察

[实验目的]

（1）了解扫描电镜能谱仪的基本结构和原理。

（2）掌握扫描电镜试样的制备方法。

（3）掌握实用扫描电镜的基本步骤、用途和数据采集分析方法。

[实验器材]

本实验使用的仪器是扫描电子显微镜、辅助器材如样品托、导电胶带等及其相关软件。

[实验步骤和方法]

（1）观察样品制备。

粉末样品的制备常用的是胶纸法，先把两面胶纸粘贴在样品座上，然后把粉末撒到胶纸上，吹去未粘贴在胶纸上的多余粉末即可。对于不导电的粉末样品也必须喷镀导电层。针对块状样品，如果导电性能较好，只要切取适合于样品台大小的试样块，用导电胶贴在铜或铝质样品座上，即可直接放到扫描电镜中观察。如果导电性差或绝缘的非金属材料，在用导电胶粘贴到样品座上后，要用离子溅射镀膜仪或真空镀膜仪喷镀一层导电层。

（2）电镜操作步骤。

第一步　开机。

① 打开主机电源。

② 打开计算机并进入用户登录界面进行登录。

③ 如果长时间未开机，开机后先点开高压控制窗口的 FLASHING。

第二步　电子束合轴。

① 调整灯丝电流饱和点，处于饱和的灯丝发射出的电子束通过阳极进入电磁聚光镜系统。通过三级聚光镜及光阑照射到试样上，只有在电子束与电子光路系统中心合轴时，才能获得最大亮度。

② 调整电子束对中。调整电子束对中（合轴）的方法有机械式和电磁式。机械式是调整合轴螺钉；电磁式则是调整电磁对中线圈的电流，以此移动电子束相对光路中心位置达到合轴目的。此工作要反复调整，通常以在荧光屏上得到最亮的图像为止。

第三步　放置样品。

将试样固定在试样盘上，并进行导电处理，使试样处于导电状态。将试样盘装入样品更换室，预抽 3min，然后将样品更换室阀门打开，将试样盘放在样品台上，在抽出试样盘的拉杆后关闭隔离阀。

第四步　观察图像。

① 高压选择。根据不同的目的选择不同的电压值，一般在 20kV 下进行初步观察。

② 聚光镜电流的选择。聚光镜电流越大，放大倍数越高。同时，聚光镜电流越大，电子束斑越小，相应的分辨率也会越高。

③ 光阑选择。光阑孔一般是 400μm、300μm、200μm、100μm 四挡，一般在二次电子像观察中选用 300μm 或 200μm 的光阑。

④ 聚焦与像散校正。在观察样品时要保证聚焦准确才能获得清晰的图像。聚焦分粗调和细调两步。坚持“高倍聚焦，低倍观察”原则。像散校正主要是调整消像散器，使其电子束轴对称直至图像不漂移为止。

⑤ 亮度与对比度的选择。要得到一幅清晰的图像必须选择适当亮度与对比度。亮度与对比度控制可以通过电镜操作台上旋钮完成。

第五步　拍照记录，完成数据采集后，关停机器。

[实验记录及报告]

（1）简要说明电子显微分析的基本原理及扫描电镜各部分的作用。

（2）简要说明电子显微镜的基本操作和注意事项。

（3）简要说明表面形貌、EDS 线扫、EDS 面扫、EDS 点扫以及背散射的基础采集步骤。

（4）分析采集数据的质量影响因素和相关控制技术。

[实验原理]

详见本章基础理论部分。

本章实验习题

（1）请设计实验和观察流程，选择三种材料，针对样品表面进行扫描电镜观察，同时结合材料科学基础、材料表面的相关知识，说明材料表面结构的特点。

（2）请设计实验和观察流程，选择金属材料，采用金相和扫描两种手段进行表面观察，说明两种观测手段的不同。

（3）采用金属材料，开展拉伸或者压缩试验，请设计实验和观察流程，实现对材料塑性变化过程中，显微组织变化规律的观察，并结合材料科学基础中关于塑性变形的相关知识进行分析。

（4）采用陶瓷材料，烧结成瓷后，针对断口或者表面进行观察，观察晶粒尺寸和晶界，尤其是三叉晶界，同时请设计实验和观察流程，观察晶粒尺寸和晶界随外界条件，如粉体合成条件、温度等改变而改变的规律。并在此基础上，请根据材料科学基础相关知识，开展晶界迁移的观察和讨论。

（5）采用金属材料，开展再结晶、超塑性等热加工试验，请设计实验和观察流程，对材料在热加工过程中，显微组织，尤其是晶粒变化规律的观察，同时结合材料科学基础中相关知识进行确认和解释。

第 6 章　透射电镜

透射电子显微镜是一种常用的电子显微仪器，如图 6-1 所示，是表征材料最有效的通用工具，分辨率达到了原子尺度，可以在超微区（小于 1nm）进行形貌、晶格结构、原子结构和化学成分的相关研究。世界上第一台透射电镜由马克斯·克诺尔和恩斯特·鲁斯卡在 1931 年研制，这个研究小组于 1933 年研制了第一台分辨率超过可见光的透射电镜，而第一台商用透射电镜则于 1939 年研制成功。

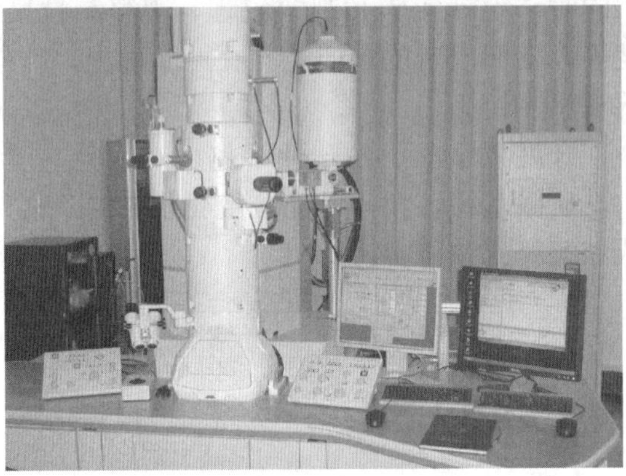

图 6-1　透射电镜实物照片

扫描电镜和透射电镜均属于电子显微镜，是采用电子来获取样品图像的分析设备，它们的结构都包含电子枪、真空系统、电磁透镜等部件。电子的信号都可以采用闪烁计数器来进行检测。都是用荧光屏来将电子信号转换为肉眼可见的光信号。但是两者还是有区别的。

如前所述，扫描电子显微镜的工作原理主要是利用从电子枪中发射出的电子束，在高压加速情况下，通过聚光镜聚焦形成电子束打到样品上，然后，在扫描线圈的磁场作用下，使入射电子束在样品表面上按照一定的空间和时间顺序做光栅式逐点扫描，激发次级电子，通过次级电子的多少和种类反映样品的表面结构，形成反映样品的表面结构的立体形象。简言之，它是通过电子束针对样品表面进行扫描而得名。而透射电子显微镜，顾名思义，它不是利用电子束针对样品表面进行扫描，而是通过电子束穿透样品，利用电子束和样品的组织结构相互作用，形成与样品组织结构一一对应的电子束强度分布，最终在荧光屏上形成典型的明、暗区域反映材料的组织结构。下面具体分析两者的主要区别：

（1）利用的电子种类不同。

扫描电子显微镜是利用从样品表面反射出来的电子收集起来并使它们成像。而透射电子显微镜收集的是透过样品的电子，通过透射电子成像。

（2）成像原理不同。

透射电子显微镜是通过电磁透镜放大成像的原理，而扫描电子显微镜的成像原理是由电子枪产生的电子束经过三个磁透镜的作用，形成一个很细的电子束，称为电子探针。电子探针经过透镜聚焦到样品表面上，并按顺序逐行地对样品扫描，然后从样品表面发射出来的各种电子（如二次电子、反射电子等）形成图像。

（3）观察得到的图像不同。

扫描电子显微镜主要用来直接观察样品的表面形貌，获得的只是表面图像，无法显示样品内部的详细结构。透射电镜可以观察样品内部结构，如可以形成典型的反映晶体结构的衍射花样。

（4）分辨率及其决定条件不同。

扫描电镜分辨率可达 10nm，分辨率主要决定于样品表面上电子束的直径。透射电子显微镜的分辨率很高，可以达到 0.1～0.2nm，分辨率由电子束波长所决定。

（5）样品制备要求不同。

扫描电镜所用样品的制备方法简便，详见扫描电镜章节样品制备。透射电子显微镜电子需要穿过样本，所以，样品必须制备超薄样品切片。

（6）扫描电镜的样品的辐射损伤及污染程度小，但透射电镜样品会较大程度被破坏。

与扫描电镜相比较，透射电镜给样品晶体结构的观察提供了出色的分辨率，现代透射电镜可以显示样品内部的原子排列。

6.1　透射电镜的结构

如图 6-2 所示，透射电镜可以分为四部分：电子光学系统（即镜筒）、真空排气系统、电源系统和水冷系统。电子光学系统包括照明系统、样品室、成像系统和观察记录系统，如图 6-3 所示真空排气系统包括机械泵、油扩散泵、真空管道、阀门及检测系统。电源系统包括高压电源、电子枪灯丝电源、控制极电源、透镜电源、真空系统电源等部分。水冷系统主要靠冷却水循环装置来完成或者直接用自来水降温。

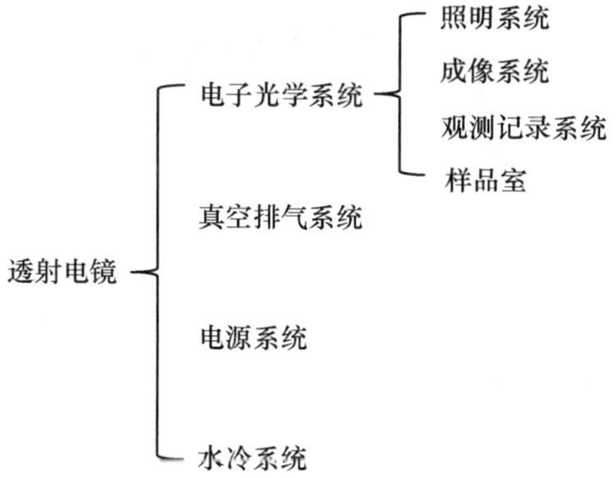

图 6-2　透射电镜结构

透射电镜照明系统的作用就是提供一束亮度高、照明孔径角小、平行度好、束流稳定的照明源。该系统主要由电子枪和聚光镜组成，其中电子枪是照明系统的核心部件。电子枪是发射电子的照明光源。聚光镜是把电子枪发射出来的电子汇聚而成的交叉点进一步汇聚后照射到样品上。

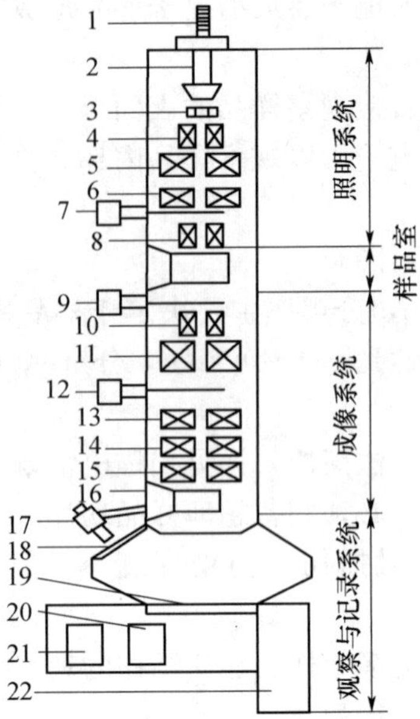

1—高压电缆；2—电子枪；3—阳极；4—束流偏转线圈；5—第一聚光镜；6—第二聚光镜；7—聚光镜光阑；8—电磁偏转线圈；9—物镜光阑；10—物镜消像散线圈；11—物镜；12—选区光阑；13—第一中间镜；14—第二中间镜；15—第三中间镜；16—高分辨衍射室；17—光学显微镜；18—观察窗；19—荧光屏；20—发片盒；21—收片盒；22—照相室。

图 6-3 透射电镜电子光学系统示意图

透射电镜成像系统主要由物镜、中间镜和投影镜组成。其中，物镜是透射电镜的核心部分，它是用来形成第一幅高分辨率电子显微图像或电子衍射花样的透镜，也是决定透射电镜分辨率的关键部件。通常采用强激磁、短焦距的物镜提高物镜的高分辨率。目前，高质量的物镜其分辨率可达 0.1nm 左右。透射电镜的中间镜是一个弱激磁的长焦距变倍透镜，可在 0～20 倍范围调节。在透射电镜操作过程中，主要是利用中间镜的可变倍率来控制透射电镜的放大倍数。透射电镜的投影镜和物镜一样，是一个短焦距的强磁透镜，其作用是把经中间镜放大（或缩小）的像（电子衍射花样）进一步放大，并投影到荧光屏上。

透射电镜的观察和记录装置包括荧光屏和照相机构。透射电镜的投影镜下有观察室，透射电镜的最终成像结果，通过涂有荧光物质的荧光屏板把接收的电子影像转换成可见光的影像，显现在观察室内的荧光屏上。荧光屏的中心部分为直径约 10cm 的圆形活动荧光屏板，平放时与外周荧屏吻合，观察者可以在荧光屏上对电子显微影像进行选区和聚焦等调整与观察分析。同时可以使用外部操纵手柄将活动荧屏拉起，斜放在 45°位置，此时可用电镜置配的双目放大镜，在观察室外部通过玻璃窗来精确聚焦或细致分析影像结构；而活动荧光屏完全直立竖起时能让电子影像通过，照射在下面的感光胶片上进行曝光。

照相室一般处在镜筒的最下部，内有送片盒和接收盒及一套胶片传输机构。每张底片都由特制的一个不锈钢底片夹夹持，叠放在片盒内。工作时，由输片机构有序地推放底片夹到荧光屏下方电子束成像的位置上。成像需要的曝光控制有手控和自控两种方法，快门启动装置通常并联在活动荧光屏板的扳手柄上。电子束流的大小可由探测器检测，给操作者以曝光指示；或者应用全自动曝光模式由计算机控制，按程序选择曝光亮度和最佳曝光时间完成影像的拍摄记录。

现代电镜都可以在底片上打印出每张照片拍摄时的工作参数，如加速电压值、放大率、微米标尺、简要文字说明、成像日期、底片序列号及操作者注解等备查的记录参数。观察室与照相室之间有真空隔离阀。以便在更换底片时，只打开照相室而不影响整个镜筒的真空。

透射电镜的真空系统是必须的。如果电镜镜筒中有残留气体，会产生两方面后果：一方面残留气体的气体分子将与高速电子碰撞，会产生电离，释放散射电子，从而增加像差；另一方面残留气体会加速高热灯丝的氧化，缩短灯丝寿命。所以，电镜镜筒内的电子束通道要求高真空度，必须保持在 10^{-3}～10^{-5} Pa 以上的真空度，高性能的电镜对真空度的要求更达 10^{-6} Pa 以上。透射电镜的高真空度一般是采用扩散泵与机械泵串联。为实现超高压、超高分辨率，近年来，在电镜的真空系统中又推出了离子泵和涡轮分子泵，把它们与前述的机械泵和油扩散泵联用可以达到 10^{-5} Pa 的超高真空度水平。

6.2　透射电子显微镜样品制备

透射电子束一般能穿透的样品厚度在 100nm 以下。因此，透射电镜要求样品的厚度必须是纳米量级，大小也有一定的限制，而且分辨率越高的透射电镜实验对样品的要求也越高。透射电镜的样品制备方法有很多种。一般按照样品的状态和材料体系有以下几种制备方法。

6.2.1　粉体样品制备

粉体样品制备相对简单，基本方法采用支持膜法。一般程序是首先将粉体充分超声分散，然后载于支持膜上，再用铜网承载。对于粉体而言，透射电镜主要用于粉体的形貌观察、颗粒度测定、结构和成分分析。

一般来讲，对粉末样品有如下基本要求：①单颗粉末尺寸小于 200nm，大于 200nm 的颗粒需经研磨粉碎；②无磁性；③以无机成分为主，否则会造成电镜严重的污染。

对支持膜有如下基本要求：①有足够的机械强度，耐高能电子轰击；②高倍下不显示自身组织，本身颗粒度要小，以提高样品分辨率；③有较好的化学稳定性、导电性和导热性。

满足要求的粉末样品的制备遵循如下参考步骤：①取适量的粉末和乙醇（或者合适的分散液）放入小烧杯中，超声振荡 10min 左右，制成悬浊液；②把微栅网膜面朝上放在滤纸上；③滴 2～3 滴悬浊液到微栅网上；④干燥后即可观察。

6.2.2 块体样品制备

下面以金属或合金样品为例，说明透射电镜样品制备方法。透射电镜样品的制备流程如图 6-4 所示，具体步骤如下：

（1）利用线切割从大块样品中切出一块厚度大约为 0.5mm 的 ϕ3mm 薄片。

（2）在加热台上将样品托加热，融化热熔蜡，把 ϕ3mm 薄片粘到样品托上，等样品冷却后，依次使用不同型号的碳化硅砂纸（样品越薄型号越大）将样品的第一面减薄，并消除较大的划痕。

（3）在抛光机上将样品的第一面进一步抛光，消除划痕。

（4）利用凹坑仪在样品的中间凹出一个明显的坑，这一步既可以进一步消除划痕，又可以防止样品中间厚边缘薄。

（5）把样品的第一面清洁干净，然后在加热台上将其翻面，再依次使用不同型号的碳化硅砂纸从第二面将样品减薄至 30μm 以下，并尽量消掉划痕。

（6）利用凹坑仪在样品的第二面凹坑减薄，对于金属样品要将其凹至出现小孔或刚要出现孔，再清洁粘环固定。

（7）利用离子减薄仪将样品减薄至有明显孔洞或孔洞处有明显的变化，此时样品孔洞边缘应该有 100nm 以下的区域，可以用透射电镜观察。

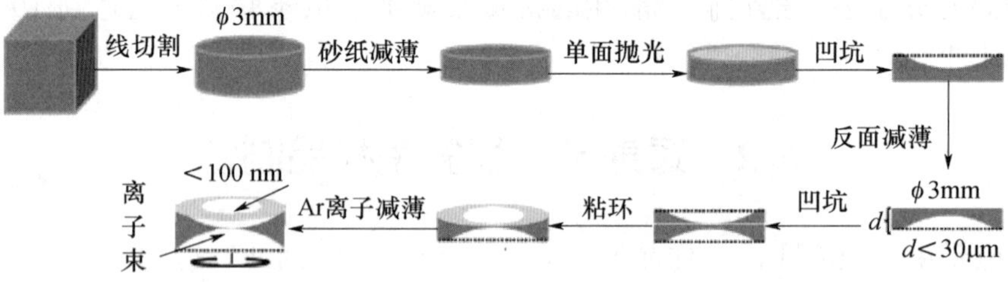

图 6-4　透射电子样品制备流程图

6.2.3 薄膜样品制备

制备薄膜一般有以下步骤：①切取厚度小于 0.5mm 的薄块。②用金相砂纸研磨，把薄块减薄成 0.1～0.05mm 的薄片。为避免严重发热或形成应力，可采用化学抛光法。③用电解抛光或离子轰击法进行最终减薄，在孔洞边缘获得厚度小于 50nm 的薄膜。

1. 离子减薄

离子减薄主要通过离子减薄仪实现。离子减薄仪的工作原理是利用电场将氩气电离成氩离子（Ar^+），具有一定能量的 Ar^+ 从阳极飞向阴极，加速撞击样品表面使样品表面原子溅射，两个离子枪从两边同时对样品进行溅射减薄。常规的离子减薄仪器如图 6-5所示。

图 6-5　离子减薄仪

下面以美国 Gatan 691 型离子减薄仪说明仪器操作使用步骤：

（1）打开氩气瓶，并按 Vent 按钮将气锁室放气。

（2）将装好样品的样品台放入基座中，盖上气锁室的盖子，按 Vac 按钮抽气。

（3）按气锁控制开关（Airlock Control），降下样品台。设定离子枪电压 4～5kV。

（4）打开左右枪气阀开关，调整左右枪的角度，两支枪一正一负，双面减薄。在减薄过程中，先用大角度，逐渐改用小角度。

（5）设定 Rotation Speed，一般在 3 左右；设定时间后，按 Start 键即开始减薄工作；当样品完成减薄后，按下计时器开关按钮停止减薄。

（6）按气锁控制开关的上部，使样品台基座升入气锁室，按 Vent 按钮放气。

（7）取出样品台。

（8）重新盖好气锁的盖子，并抽真空。

（9）关闭氩气瓶。

离子减薄的优点是样品质量好、使用范围广；缺点是时间长。时间与样品材质、样品初始厚度、减薄工艺参数有关，需要几小时、十几小时甚至更长。如果长时间进行离子减薄，离子辐照损伤可能使试样表面非晶化，所以选择合适的减薄条件（电压和角度）和控制试样温度是比较重要的。

影响离子减薄样品制备的因素有离子束电压、离子束电流、离子束的入射角、真空度、样品的种类、样品的微结构特点、样品的初始表面条件、样品的初始厚度、样品的安装。

2. 电解双喷减薄

离子减薄也是最终减薄，适用于陶瓷、半导体、多层膜截面材料以及金属材料。还可以修复电解双喷减薄不理想的样品。使用仪器前应确定需减薄的样品已经过机械研磨或凹坑，厚度要小于 30μm。

电解双喷减薄可以有效缩短减薄时间，而且试样不会发生机械损伤，但是由于电解双喷减薄过程中，需要使用电解液，电解液可能会损伤试样表面的化学性质，而且，电解液一般都腐蚀性很强；因此，实验过程中，需要一定的防护措施。

图 6-6 为典型的电解双喷离子减薄仪实物图。将研磨减薄后的 ϕ3mm 圆片夹持在试样架中，试样架与阳极相连。减薄时，ϕ3mm 圆片的中心部位两侧各有一个电解液喷嘴，从喷嘴喷出的液柱与阴极相连，这样作为阳极的样品被腐蚀抛光。另外，在两个喷嘴之间轴线上还有一对光导纤维，其中一个与光源相连，另一个与光敏元件相连；如果样品经过抛光减薄时，中心出现小孔，光照射到光敏元件上，输出的电信号就可以将抛光腐蚀线路的电源切断。将式样取出后，采用丙酮清洗干净，这样制备的样品中心会有一个较大的薄区，可以被电子束击穿。

图 6-6　电解双喷离子减薄仪

以 Tenupol-5 型电解双喷减薄仪为例，讲解电解双喷离子减薄具体操作步骤如下：

（1）根据样品材料配制电解液 1000mL 左右。

（2）打开仪器电源开关，进入工作界面。选择电压值、光值。

（3）样品放入样品夹中，样品夹插入双喷装置中，注意样品的方向。

（4）按电源控制部分的 power 键，电解双喷开始，出孔后自动停止。

（5）样品穿孔后，取出夹具，在盛有无水乙醇的烧杯中摆动，再取出样品在盛有无水乙醇的培养皿中清洗两遍，放在滤纸上，干燥后包好待用。如果当天不能用电镜观察，要把样品置于干燥皿中保存。试样电解双喷后，表面应明亮，中心穿孔。如果试样灰暗，要增加电压；如果出现筛子孔，要降低电压；如果边缘变黑或边缘穿孔要降低电压。

3. 聚焦离子束

聚焦离子束系统，也称为双束系统。随着透射电镜的发展，聚焦离子束在材料科学的研究中应用也越来越普遍。聚焦离子束系统实现了可视化条件下对样品进行微区刻蚀，是制备透射电镜样品的重要方法。其基本原理是利用透镜将经电场加速后的离子束汇聚并指向样品，汇聚后的离子束与样品相互作用，既可以形成高倍放大的图像，又可以将材料表面的原子轰击出去对材料进行加工。聚焦离子束系统可以简单地理解为单束离子束系统与扫描电子显微镜的耦合，离子束与电子束有一定的夹角，如图 6-7 所示。经过与各种探测器的不断耦合，现在的双束系统已经发展成集微区成像、加工、分析和操纵等于一体的综合性分析与表征设备。若在离子束照射区域通入气体，这些气体在聚焦离子束的诱导下可以沉积在样品表面。利用高能离子束对样品表面撞击使样品原子溅射可以对样品进行加工，这是聚焦离子束重要的功能。

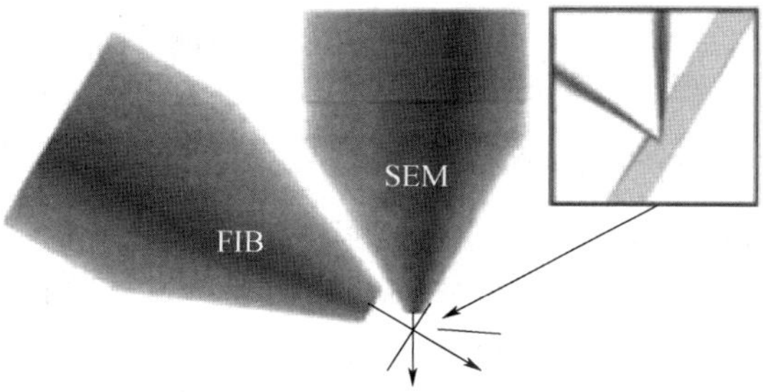

图 6-7　聚焦离子束原理图

通常利用聚焦离子束制备透射电镜样品的过程如下：

(1) 选择需要加工的区域沉积铂进行保护。

(2) 设计图形进行加工，将图形靠近铂沉积图形，不断降低束流与电压，进行清洗，将样品减薄至 1μm 以内。

(3) 将样品的左侧、底部和右侧的一半切掉。

(4) 将机械臂移至样品左侧位置，进行铂沉积使机械臂与样品薄片连接。

(5) 切断样品右侧连接的位置，用机械臂取出样品，移动至铜半环的位置。

(6) 沉积铂将样品薄片与铜半环连接，再将薄片从机械臂上切下。

(7) 逐步降低电压和束流对样品进行减薄和清洗。

6.2.4　复型样品制备

复型样品制备技术主要是通过对电子束透明的薄膜把材料表面或者断口的形貌复制下来，然后利用透射电镜对其观察。随着电镜技术发展，电镜基本可以实现直接对样品表面进行观察，所以，目前复型法主要针对材料表面或者断口的第二相粒子的显微观察和分析。

复型技术主要有塑料一级复型、碳一级复型、塑料-碳二级复型和萃取复型。下面分别介绍具体的制备步骤。塑料一级复型的制备方法如下：

(1) 在制备好的金相样品或者断口上滴覆体积分数为 1%的火棉胶醋酸戊酯溶液或者醋酸纤维素丙酮，待溶液挥发后，表面就会形成一层塑料薄膜，薄膜制备厚度约 100nm 为佳。

(2) 将 (1) 形成的薄膜截下来，剪成对角线小于 3mm 的方块，放在直径为 3mm 的铜网上进行观察。

碳一级复型的制备方法如下：

(1) 在制备好的金相样品或者断口置于真空镀膜台上，以垂直于表面的方向蒸发一层几十纳米厚度的碳膜。

(2) 用小刀或者针尖将 (1) 形成的碳薄膜划成铜网大小的小块，同时采用电解腐蚀、化学腐蚀、明胶分离等技术使碳膜脱离试样基体。

(3) 将碳薄膜置于酒精或者丙酮中清洗，然后利用铜网捞出，烘干后就可以进行电镜观察。

塑料-碳二级复型主要用于无机非金属材料的形貌和断口观察，一般的制备方法如下：

（1）AC纸制备，采用6%醋酸纤维素丙酮溶液均匀地倒在玻璃板上，等待其干燥后揭下来，就是AC纸。

（2）在试样表面滴一滴丙酮溶液，然后贴上一片与样品尺寸大小相当的AC纸，确保试样表面和AC纸之间不能有间隙。试样表面形貌印在AC纸上，此是一次复型。

（3）揭下AC纸，印有试样表面形貌的一侧朝上，另一侧粘贴在透明胶带上，并固定于玻璃片上，放在真空镀膜机上喷碳，溶化。

（4）将喷上碳膜的AC纸剪成铜网大小，放入丙酮中溶解AC纸，剩下碳膜，此是二次复型。将碳薄膜用铜网捞起来，放入蒸馏水或者丙酮中清洗，然后利用铜网捞出，烘干后就可以进行电镜观察。

如果尝试观察第二相粒子的形状、分布和大小，可以采用萃取复型。萃取复型的制备方法如下：

（1）浸蚀样品表面，显露第二相粒子，在真空镀膜机上蒸镀碳膜，要求20nm以上。

（2）用小刀或者针尖将（1）形成的碳薄膜划成对角线小于30mm的小块，放入分离液体中进行电解或者化学抛光，使碳膜连同凸出样品表面的第二相粒子和基体分离，将分离后的碳膜经过酒精清洗后用于观察。

6.3 透射电镜一般操作流程

以JEM-2010为例，下面讲解透射电镜的具体操作步骤。

（1）加高压。

Lens钮（左控2）扳上（注：向外轻拉再向上提）→HT键（左控1）按亮→加高压，从120kV至160kV用10min→等待5min→从160kV至200kV用20min→再等待5min。

（2）装样品。

样品杆插入样品台→真空钮扳上（注：向外轻拉再向上提）→绿灯亮，等待5min后顺时针送入镜筒→再等待5min→真空优于4×10^{-5}Pa即可工作。样品杆示意图如图6-8所示。

（3）加电流。

按亮ON键（左控1）。

（4）明场观察。

5万倍下找合适视场→旋转聚焦钮，使显示屏上的DV值为0→调节Z轴（右控1），使图像衬度最低，即正焦状态→按Magl键，使显示屏上的Focus值为0→加物镜光阑→根据需要改变放大倍数。

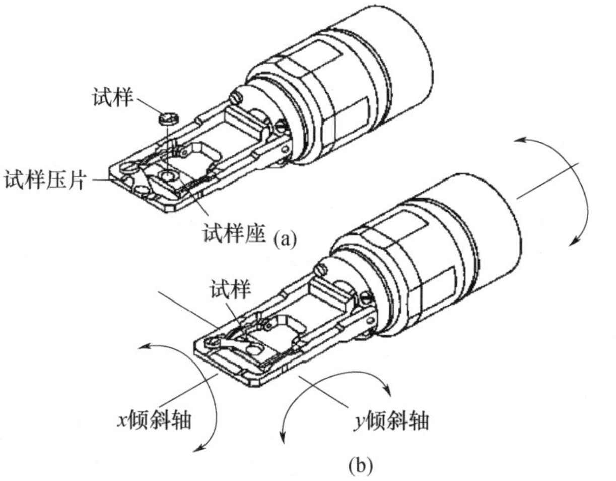

图 6-8　透射电镜样品杆

（5）衍射操作。

把感兴趣区移到屏中心→用选区光阑套住感兴趣区→按 Diff 键（右控 1）→抽出物镜光阑。

（6）拍照。

感兴趣区移到取景框中→盖上观察窗→按 Long 或 Short 键（右控 1）调整曝光时间→按亮 Photo 键→再按亮 Photo 键，左侧绿灯亮表明曝光开始→绿灯灭表明曝光结束。

（7）CCD 相机使用。

把感兴趣区域移到采集区→放大倍数根据视场选择，或根据需要选择→按亮 Screen 键（右控 1），荧光屏掀起→单击软件界面的“兔子”图标→在弹出的对话框中输入电镜此时的放大倍数→聚焦→按空格键停止采集→保存文件。

（8）结束工作顺序。

放大倍数调至 5 万倍→抽出物镜光阑和选区光阑→确认电子束在屏中心→样品回零→关闭电流→降电压至 120kV→HT 键（左侧控制板区域 2）按灭→Lens 钮（左控 2）扳下（注：向外轻拉再向下扳）→关闭显示器→填写设备运行记录。

实验一　透射电镜及试样的显微电子图像观察

[实验目的]

（1）了解透射电镜的结构原理与操作方法。

（2）了解透射电镜试样的制备方法。

（3）观察及分析粉末试样和复型试样的电子图像。

[实验器材及样品制备]

透射电镜一台、实验用电镜铜网等。

［实验步骤与方法］

1. 样品制备

详细参考本章理论介绍。

2. 透射电镜操作步骤

（1）抽真空。接通总电源，打开冷却水，接通抽真空开关，真空系统就自动地抽真空。一般经15～20min后，真空度即可达到10^{-4}～10^{-5}Torr（1Torr＝133.322Pa），待高真空指示灯亮后即可上机工作。

（2）加电子枪高压。接通镜筒内的电源，给电子枪和透镜供电，由低至高逐级给电子枪加高压，直至所需值。

（3）安装样品。通常在电子枪加高压而关断灯丝电源的条件下置换样品。取出样品时，首先打开过渡室和样品空间的空气锁紧阀门，向外拉样品杆，然后将过渡室放气，最终拉出样品杆，从样品座中取出样品。换上所需观察的样品后，必须将样品铜网牢固地夹持在样品杆的样品座中，然后将样品杆插入过渡室，将过渡室抽真空并使其达到真空度要求，打开过渡室和样品空间的空气锁紧阀，将样品杆推进样品室。

（4）加灯丝电流并使电子束对中。顺时针方向转动灯丝电流旋钮，慢慢加大灯丝电流，注意电子束流表的指示和荧光屏亮度，当灯丝电流加大到一定值时，束流表的指示和荧光屏亮度不再增大，即达到灯丝电流饱和值。

（5）图像观察。当束流调到所需值后，最终推进样品杆，用样品平移传动装置把样品座调到观察位置，即可进行图像观察。首先在低倍下观察，选择感兴趣的视场，并将其移到荧屏中心，然后调节中间镜电流确定放大倍数，调节物镜电流使荧光屏上的图像聚焦至最清晰。

（6）照相记录。当荧光屏上的图像聚焦至最清晰时，便可进行照相记录。调节图像亮度和相应的曝光时间，当两者匹配得当（曝光表上绿灯亮时）时，拉开曝光快门，将荧光屏翻起，让携带样品信息的电子束照射到胶片上使其感光，正常曝光时间以4～8s为宜。

（7）关机。顺序地关断灯丝电源，关断高压、镜筒内的电源，关断抽真空开关，约30min后关断总电源和冷却水。

［实验记录及报告］

（1）简述透射电子显微镜的结构与成像原理。

（2）完成一个粉末试样的制备及形貌观察、衍射数据、高分辨数据分析。

（3）完成样品的碳一级复型的制作及图像观察分析。

（4）完成衍射图谱的标定、分析实验误差和观察控制技术。

［实验原理］

透射电镜是一种高分辨率、高放大倍数的显微镜，是材料科学研究的重要手段，通过透射电镜，可以实现针对材料的显微结构和成分的分析。透射电镜的主要性能衡量指标包括分辨率、放大倍数和加速电压。其中，电子图像的放大倍数为物镜、中间镜和投

影镜的放大倍数的乘积，即

$$M = M_0 \times M_r \times M_p$$

透射电镜的成像原理是由照明部分提供的有一定孔径角和强度的电子束平行地投影到处于物镜平面处的样品上，通过样品和物镜的电子束在物镜后焦面上形成衍射振幅极大值，即第一幅衍射谱。这些衍射束在物镜的像平面上相互干涉形成第一幅反映试样微区特征的电子图像。通过聚焦（调节物镜激磁电流），使物镜的像平面与中间镜的物平面相一致，中间镜的像平面与投影镜的物平面相一致，投影镜的像平面与荧光屏相一致，这样在荧光屏上就观察到一幅经物镜、中间镜和投影镜放大后有一定衬度和放大倍数的电子图像。由于试样各微区的厚度、原子序数、晶体结构或晶体取向不同，通过试样和物镜的电子束强度产生差异，因此在荧光屏上显现出由暗亮差别所反映出的试样微区特征的显微电子图像。

本章实验习题

（1）请设计实验和观察流程，选择无机粉体材料，采用透镜技术，实现对粉体的粒度及其分布观察。

（2）请设计实验和观察流程，选择适当材料，采用透镜技术，实现孪晶组织观察。

（3）请设计实验和观察流程，选择适当材料，采用透镜技术，实现位错和层错观察。

（4）请设计实验和观察流程，选择适当材料，采用透镜技术，同时借助于选区电子衍射，实现物相的确定和晶向、晶面指数标定，进一步实现晶面间距计算，并通过高分辨观察来验证计算结果。

（5）请设计实验和观察流程，选择金属材料，实现热处理过程中发生的固溶析出等固态相变过程观察。

第 7 章　电子探针的结构、原理及应用

电子探针的全称是电子探针 X 射线显微分析仪（Elecron Probe X-Ray Micro-analyzer，简称 EPMA 或 EPM）。电子探针是利用 X 射线信息进行微区成分分析的一种仪器。电子探针是采用聚焦到很细的、直径百分之几到几微米的电子束作为探针，照射试样表面，并在样品表面微小区域（微米量级）内激发出 X 射线，通过激发的 X 射线的波长（或能量）和强度的采集和处理提供该微区内所含元素及其浓度的重要信息。所以，某种程度上，电子探针仪可以认为是 X 射线荧光分析与电子显微镜的技术综合产物，在仪器的具体构成上有很多相似的部件。但是，两者又有所区别，如电子探针中的 X 射线，属于激发 X 射线，为典型的特征谱线，射线的强度仅与激发元素的浓度直接相关，可以用来分析物质所含元素的种类和类别。扫描电镜则是收集激发的二次电子信号使之成像，除去物质所含元素的种类和类别分析，扫描电镜更重要的是来观察试样的表面形貌特征。近年来，由于电子探针加强了它的成像观察功能，而扫描电镜则配上了能谱或晶体分光谱仪，使得两者在构造和功能上有很多相似之处，尽管如此，EPM 在设计上是偏重于成分分析，而扫描电镜则是偏重于形貌观察。

世界第一台基于电子显微镜和 X 射线谱仪改装而成的静止式探针仪器是 1949 年由法国的卡斯坦在实验室里开发的，随着视频技术的发展，1956 年邓卡姆制成第一台扫描式探针。近年来，随着科技进步，尤其是计算机技术的应用和普及，大大推进了 EPM 技术的进展，目前 EPM 在各个领域，包括生物、医学、岩矿、地质、冶金、考古等甚至情报侦讯部门，都得到了广泛应用。

目前 EPM 技术可以实现的元素分析范围从 4Be 到 92U，元素感量为 10^{-15}～10^{-16} g，最小探测极限为 10～100ppm，定量分析准确度可达±（2%～5%）。

7.1　电子探针

1. 电子探针的结构

从结构上，电子探针主要由镜筒和 X 射线能谱仪系统两大部分组成，如图 7-1 所示。

电子探针仪器的主体是镜筒，镜筒的主要作用是把电子束聚焦，经镜筒汇聚的电子束即电子探针。电子探针轰击试样表面的某一点，或在试样的一个微小区域内扫描，得到电子和 X 射线面分布像。如图 7-1 所示，镜筒包括 3 个部分，即电子光学系统、样品室和信号检测系统。为了确保高压绝缘，减少电子和 X 射线通道上受到气体分子的碰撞以及防止样品的污染，整个镜筒必须确保不低于 10^{-3} Pa 的真空度。

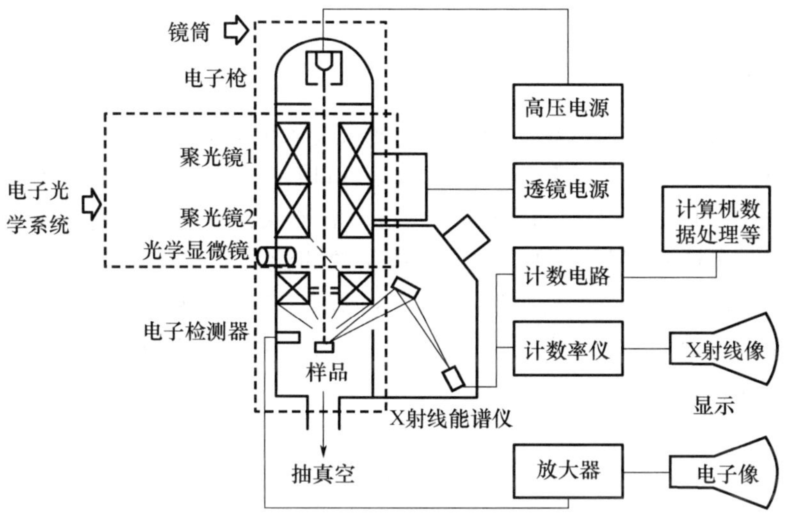

图 7-1　电子探针原理图

（1）电子光学系统。

这一系统总体构造与扫描电镜类似，事实上，两者往往共用一个镜筒，兼具扫描放大成像和微区成分分析功能。电子光学系统的主要任务是为电子探针分析提供优质的电子束：要求具有足够高的入射能量、足够大的束流和在样品表面轰击点处尽可能小的束斑直径。

（2）样品室。

样品室位于电子光学系统的下方，样品台常可同时容纳多个样品，分别放置未知样品和标样。电子探针样品室结构与扫描电镜样品室类似，在 x、y 轴方向上可以做平移运动，可绕样品中心做 360°的回转，还可以做倾斜调节。

（3）信号检测系统。

电子探针仪中用于检测 X 射线信号的系统通常为波谱仪或能谱仪，前者注重检测波长而得名；后者侧重能量检测而得名，这两个检测装置是电子探针仪器的重要组成。其原理主要依赖物理学理念：采用波、粒二相性两种角度描述被激发的特征 X 射线。

若将 X 射线作为连续的电磁波，而每种元素具有其特征 X 射线波长，根据莫塞莱定律：

$$\lambda = P(Z-\sigma)^{-2} \tag{7-1}$$

式中，P、σ 为常数，可知特征 X 射线的波长 λ 与原子序数 Z 之间有确定的关系。只要确定特征 X 射线波长便知所含元素的种类，这种检测特征 X 射线波长的谱仪称为波长色谱仪，简称波谱仪。

另一方面，还可以把 X 射线看成不连续的由一个个光子所组成的。光子的能量为

$$E = hv \tag{7-2}$$

式中，h 为普朗克常数；v 为光子振动频率。每种元素特征 X 射线的光子具有一定振动频率。所以，如果用某种探测器检测出某特征 X 射线光子的能量，同样可以鉴别其成分，即通过 X 线谱来决定试样含有何种元素（定性分析），并根据谱线的强度决定元素的含量（定量分析），这就是所谓的 X 射线能谱分析。而检测特征 X 射线光子能量的谱

仪称为能谱分散谱仪，简称能谱仪。

2. 电子探针的用途

电子探针可以对试样中微小区域，一般微米级的化学组成进行定性或定量分析。可以进行点、线扫描（得到层成分分布信息），也可以进行面扫描分析（得到成分面分布图像）。还能全自动进行批量定量分析。但是，电子探针分析也具有一定的局限性。主要表现在：①元素检测范围有限，电子探针通常的元素分析范围从 Na 到 92U。Na 以下的所谓超轻元素的测量，目前虽然没有很大困难，但探测灵敏度仍不够高，定量修正也有不少问题。②分辨率有待提高，目前元素分析属于微区范围内的元素分析，分辨率仅为微米数量级。

7.2 能谱仪

如前所述，能谱仪是利用 X 光量子的能量不同来进行元素分析的谱仪，其主要的功能结构如图 7-2 所示。从图 7-2 可以看出，它实际上是一整套复杂的电子学装置，核心部件组合有如图所示两部分。

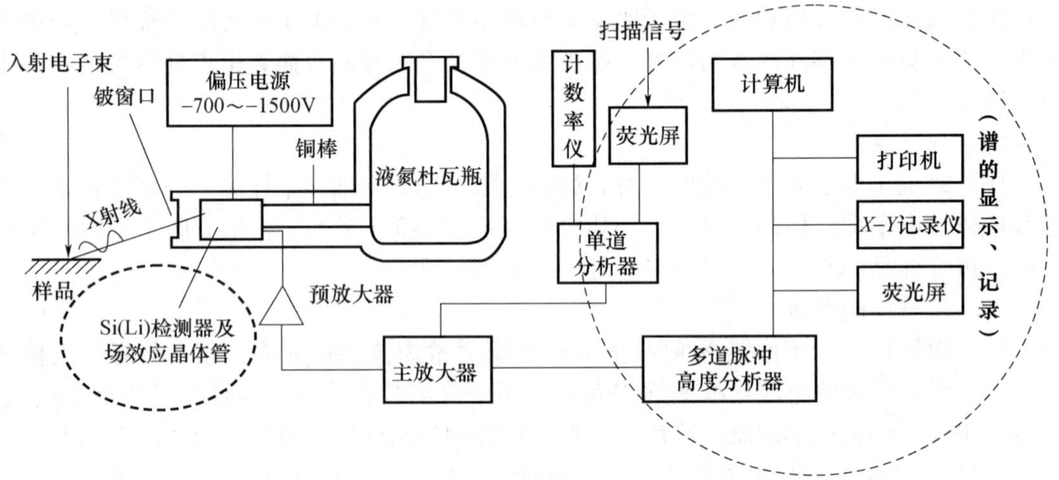

图 7-2 Si（Li）固态检测器作探头的能谱仪

7.2.1 锂漂移硅检测器

在图 7-2 中，虚线圆部位为能谱仪核心两部分结构。靠近下方的较小的虚线圆为锂漂移硅检测器，习惯上记为 Si（Li）检测器，它是能谱仪中的关键部件。为了清楚这部分的结构，相应虚线圆部分放大，并给出如图 7-3 所示。

锂漂移硅检测器的原理是激发 X 光和检测器中的 Si（Li）绝缘体，也就是探头的相互作用，在 Si（Li）绝缘体中激发出来电子-空穴。入射 X 射线光子的能量越高，电子-空穴数量就越大。产生的电子空穴对可以通过在晶体两端施加偏压进行收集，然后经过前置放大器转换成电流脉冲，电流脉冲再经过主放大器转换成电压脉冲进入多道脉冲高

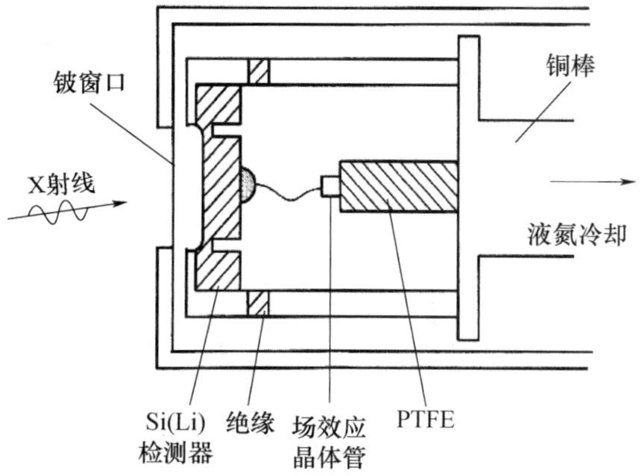

图 7-3　Si（Li）检测器探头结构示意图

度分析器，按照脉冲高度把脉冲分类然后进行计数，这样就可以描出一张 X 射线按能量大小分布的图谱。清楚了上述原理，看图 7-3 就容易理解 Si（Li）检测器的探头结构了。

探头结构中的 X 射线入射窗口采用材料铍制备，厚度为 8～25μm。铍窗口往往会导致超轻元素（如 C、N、O 等）的 X 射线吸收严重而无法进行检测。因而能谱仪只能检测原子序数高于钠元素。为了解决这个问题，近年来研制出新探头，它有两个平行安放的窗口——铍窗口和火棉胶窗口，使用时可将其中一个移走，由于火棉胶对超轻元素的 X 射线很少吸收，因此，这种窗口的探头可检测原子序数大于^{6}C 的元素。为了进一步改善探测低能射线的性能，目前绝大多数探测器已去掉铍窗，使用有机膜，可使超低原子序数的元素也可以通过。

X 射线通过铍窗口射入硅晶体内，能量为 E 的 X 射线光子照射到 Si（Li）绝缘体，就会激发电子-空穴对，获得的电子-空穴对数量如果采用 N 表示，N 可用下式表示：

$$N = E/\varepsilon \tag{7-3}$$

加在晶体两端面的偏压所收集的电流脉冲将直接由 N 决定。

在 Si（Li）绝缘体中，硅晶体中“渗入”离子半径很小的锂原子并形成一定宽度的中性层，其主要作用是提高硅晶体的电阻。但是锂原子尺寸很小，容易产生漂移，进而增加噪声。所以，Si（Li）探头要求必须始终保持在液氮冷却的低温状态。同时与探头直接紧贴在一起的场效应管也一并处在液氮温度下，以降低结构产生的噪声。此外，为了防止气氛对硅晶体的污染，如图 7-3 所示探头还必须放在 10^{-4}Pa 真空室内。

7.2.2　多道脉冲高度分析器

图 7-2 中，靠近上方的较大的虚线圆为多道脉冲高度分析器及其记录分析系统。多道脉冲高度分析器的作用就在于将主放大器输出的、具有不同幅度的电压脉冲按其能量大小进行分类和统计。基于不同元素具有的特征 X 射线能量是不同的，经探头接收信号转换和放大后其电压脉冲的幅度大小也不一样这一事实，通过分类和统计的方法把能量相近的 X 光子放在一起计数，从而将脉冲按照其高度分成若干挡。

多道脉冲高度分析器还包括存储器、显示器和其他输出设备。存储器就是把输入的脉冲分别记在相应的档次中，并进行累计。按照预置时间测完后，多道脉冲高度分析器可以将相关信号用图像、x-y 记录仪等显示成为谱形曲线，如图 7-4 所示，也可用打印机记录下来。

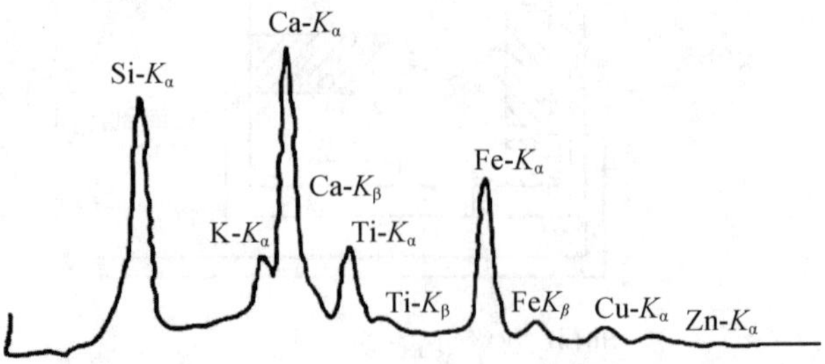

图 7-4　角闪石矿物样品的定性谱扫描元素分析结果

7.2.3　能谱分析方法

1. 对峰的位置进行标定

为确保分析结果正确，必须对能量位置进行定期标定。系统标定的内容包括获得一个 X 射线谱及两条强的 X 射线，如 Cu-K_α、Al-K_α，用游标测定两个峰的能量，然后与已知的能量比对，如 Cu-K_α 已知能量等于 8.04keV，Al-K_α 已知能量等于 1.48keV。如果出现数值不符，则调节检测系统和模拟数字转换器的控制器上的“零点”和“增益”，使两个峰恰好落在它们所对应的能量位置上。

2. 数据收集

数据收集是定性、定量分析的必要环节，其主要任务是通过数据采集在显示器上获得能够反映样品化学成分，同时又具有一定强度的 X 射线谱。数据采集通过定标器来实现，定标器可用于定数计时和定时计数，前者通过固定数量信息后计算时间，后者是通过固定时间后计算数据数量信息，一般情况下，采用定时计数。操作者选定时间量程之后，如果定标器处于自动工作状态，即可自动计数，并不断将脉冲数通过数码管显示出来。当达到选定时间后，计数即可自行停止。

3 定性分析方法

为了对数据收集过程所得的谱线进行定性分析，可以自动鉴别和手动鉴别。其鉴别原理是通过在谱线上显示出给定元素的 K、L、M 线系，并使这些线系与谱线相对照来实现的。实际操作过程中，可选择元素、能量或游标功能中的任一种来实现上述对照，进行定性分析。

(1) 元素（ELEM)。

元素对照确定法的应用前提是对样品情况比较了解，可以预先知道谱线可能出现的位置或者凭经验预先判定待检测样品中可能存在的元素。在这种情况下，通过仪器将元素符号输入，此时，显示器上将出现该元素线条位置的标记。如果与被分析的某一谱线位置相符，就可以将此元素符号存储到谱线清单中，并同时显示在该谱线下方。如果位置不符，可选择相邻原子序数的线系标记，反复选择，直到对所有谱线逐个鉴别完毕为止。

（2）能量（keV）。

选择从能量角度鉴别的步骤是先输入一个以 keV 为单位的能量数值给系统，此时，系统将自动搜寻所有与这个输入能量相差 30eV 以内的所有元素线条。通过系统选择一个元素时，显示屏上就出现这个元素的线条。如第一次选择的元素，所有线条都不匹配，可以继续选择其他元素，重复操作，直到确定了选择之后，通过系统操作将该元素储存即可。

（3）游标。

选择一个要分析的峰，并在其上进行标识，即放置游标。一旦选择游标，系统自动搜寻所有与所选择能量相差 30eV 以内的线条。按照前述步骤（2）依赖能量确定的方法，将元素符号定位在游标线位置上即可。采用同样的游标分析操作，可以确定其他的峰位对应的元素符号。

为了保证定性分析的准确性，在采谱前必须注意两点：①采谱前要对能谱仪的能量刻度进行校正，确保仪器的零点和增益值在正确数值范围内；②选择合适的工作条件，以获得一个能量分辨率好，被分析元素的谱峰有足够计数、无杂峰和杂散辐射干扰或者干扰最小的 EDS 谱。原则上，以上三种方法均可确定屏上所有峰，但有些峰在元素周期表中找不到，因而必须对这些虚假峰做进一步分析与鉴别。

4. 虚假峰的分析与鉴别

关于定性分析，原则上，可以通过以上三种方法确定屏上所有峰。但是 X 射线能谱往往存在虚假峰，如比较典型的峰的位移、峰的重叠、逃逸峰等，这些峰对应元素在元素周期表中找不到；因此，在定性分析时，必须针对这些虚假峰做进一步的分析与鉴别，以免导致错误的分析结果。

（1）峰的位移。

定性分析是以谱峰的能量值为主要判别依据，而峰的能量值会因为峰的位移改变而发生变化；因此，减少和消除位移是准确定性的重要措施之一。峰的位置主要受增益和零点漂移的影响。应定期重新调节增益和零点控制。此外，正确选定主放大器的时间常数、极-零消除和基线回复至关重要。对标定进行检查时，可采用高斯峰拟合的办法。对于总计数为 3×10^6 的谱，经此方法确定的峰位，可以准确到 ±2eV。

（2）峰的重叠。

峰的重叠即叠加峰，主要来源于信号脉冲堆积。如果第一个脉冲上升的时间里紧接着到达了第二个脉冲，则设备无法将其区分而把这两个脉冲当成一个，因而这两个脉冲不再具有它的原来位置，而在较高能量处记下一个假脉冲，即在能谱图上出现对应于主峰之和的虚假峰。

在实际判别叠加峰，应该注意叠加峰有如下特点：①从能量量值上看，叠加峰能量精确地等于某些能量之和；②从谱线陈列的叠加峰的形态看，由于是叠加峰，因此不具备精确的高斯峰形状，通常在高能侧稍尖锐一些，而在低能侧，则会拖着尾巴，会出现明显的尾峰，如图 7-5 所示。

（3）逃逸峰。

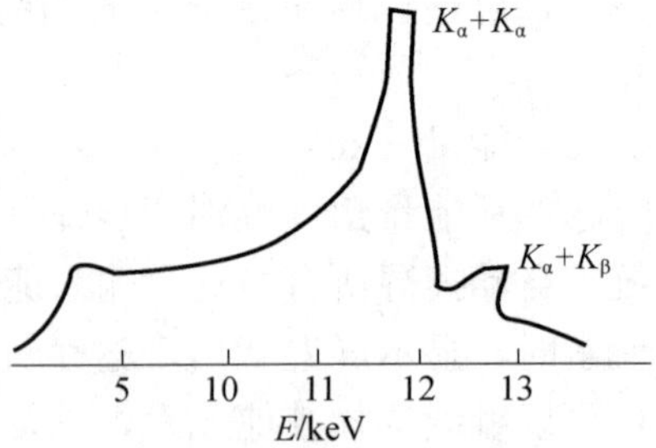

图 7-5　叠加峰的拖尾效应示意图

能谱中许多主峰附近的低能端常有一个小的附属峰，是由 Si-K 系光量子逃逸引起的，比主峰能量低 1.739keV，即所谓逃逸峰。逃逸峰是由 Si（Li）固体探头引起的，当 X 射线进入探头后，在产生光电子的同时，如果激发了 Si 的 K 层电子，Si-K_α射线从探头中逃逸出去，就会带走部分能量，那么记录到的脉冲就相当于能量 E-E_{Si}的光子产生的，这里 E 为入射光子的能量，E_{Si}是 Si 的 K_α光子能量，为 1.74keV，结果在能谱上除主峰外，还有一个能量为 E-E_{Si}的小峰。Si-K_β峰的强度为 K_α峰的 2%，其逃逸峰可忽略不计，故实际只有一个逃逸峰，其能量（E）为 1.739keV。硅的逃逸峰主要出现在能谱的低能范围，能量高于 Si-K 系吸收边（1.841keV）的 X 射线才能产生逃逸峰。分析去除逃逸峰的关键是要知道逃逸峰出现的范围和逃逸峰与母峰的强度比值，就可以在释谱过程中排除逃逸峰的干扰。此外，由于电子探针中往往采用硅润滑油，会沉积在样品上使其受到污染，以及探头中硅的失效层（失锂层）均可能产生 Si-K_α，激发而形成小的硅峰，应在分析含微量硅时予以注意。

（4）干扰峰。

Si（Li）探测器在探测试样表面分析点所发射的 X 射线时，由于样品上散射电子在样品台上或极靴上激发，产生的杂散 X 射线，以及当测定样品某一微区由于较重元素的 X 射线激发基体中较轻元素产生荧光均可导致出现假峰。例如，样品室中黄铜材料制成的零部件，可以产生铜和锌的干扰峰。背散射电子从这些部件上又一次被背散射出来，会在试样的其他部位上产生附加的 X 射线。

为了使干扰峰减小到最低限度，可在试样周围的有关部件上覆盖一层具有低背散射系数的低原子序数材料，如石墨涂料；或在探测器和试样之间安装准直光阑调整好探头前方准直器的接收角，或者在可能的情况下减小样品上被测区域的范围，这些操作均可减少这类峰的出现。尽管如此，由于 X 射线源的周围有一个“串影区”，从这个“串影区”发出的 X 射线，部分仍可到达 Si（Li）探测器，因此，很难绝对消除干扰峰影响；出现这种情况时，只得依靠波谱分析加以验证。

5. 半定量分析

在定性分析结束后，可以开展半定量分析。其主要操作程序：①扣除谱线背底；②计算并显示各条谱线的强度，即各种元素的脉冲记数（CPS）；③输入元素符号及其 CPS 输入分析条件，如高压值、样品倾斜角及射线取出角等；④计算机对影响定量分析结果的原子序数（Z）、样品吸收（A）和荧光激发（F）等因素进行校正，并列出 ZAF 因子；⑤将被分析的各元素之和看成 100%的前提下，利用输入的各元素 CPS 值及 ZAF 因子，由计算机算出各元素的质量分数或摩尔分数，再由打印机输出结果。

6. 定量分析

在完成定性分析后，如果继续开展定量分析，则首先要对所得的谱线做背底扣除，然后进行定量分析。目前，定量分析有三种方法可供选择，即全标样定量分析、部分标样定量分析和无标样定量分析。前两种方法既可以利用储存在计算机中的标样数据，也可以利用已知成分的样品直接建立标样文件。其具体步骤包括：①利用已知成分样品收集数据（获得能谱曲线）；②峰鉴别；③背底扣除；④输入每个元素的浓度数据；⑤由计算机算出 ZAF 校正因子，并列出各相应元素的强度和统计误差。计算误差时，应根据每一元素的统计误差大小，决定是否采用该元素的数据作为标样，一般当误差不高于2%时，可用作标样。确定标样后，接下来即可对未知成分样品进行定量计算。其主要步骤包括：①建立谱线；②峰鉴别；③背底扣除；④调用标样文件；⑤输入电镜参数，如高压值、样品倾斜角和 X 射线取出角等；⑥由计算机绘出被分析样品中各元素的摩尔分数、质量分数及统计误差。

定量分析时，试样需要满足一定要求，如样品在真空和电子束轰击下要稳定；高准确度的分析时，要求试样分析面垂直于入射电子束；试样尺寸大于 X 射线扩展范围；有良好的导电和导热性能。

7. 线扫描与面扫描

能谱仪还可利用单道分析器，对样品表面进行点扫描、线扫描与面扫描分析，从而测出样品中某元素沿给定的直线或在某分析区域内的分布情况。

点扫描是指电子束（探针）固定在试样感兴趣的点上，进行定性或定量分析。该方法准确度高，用于显微结构的成分分析，对低含量元素定量的试样，只能用点分析。

线扫描是指电子束沿一条分析线进行扫描，获得元素含量变化的线分布曲线。结果和试样形貌像对照分析，能直观地获得元素在不同相或区域内的分布。

面扫描是指电子束在试样表面扫描，元素在试样表面的分布能在屏幕上以亮度（或彩色）分布显示出来（定性分析），亮度越亮，说明元素含量越高。研究材料中杂质、相的分布和元素偏析常用此方法，面分布常常与形貌对照分析。

能谱仪具有分析速度快、灵敏度高、谱线重复度高以及高的空间分辨率等优点，检测元素的范围为 4Be～92U，特别适合具有粗糙表面的样品快速检测，可以在几分钟内分析和确定样品中含有的所有元素。能谱仪的主要缺点体现在两方面：①工作条件比较苛刻，如 Si（Li）探头必须始终保持在液氮冷却的低温状态，即使是在不工作时也不能中断，否则晶体内 Li 的浓度分布状态就会因扩散而变化，导致探头功能下降甚至完全被破坏。②能量分辨率低、峰背比低。测量过程中，同时检测到的荧光 X 射线信号会提高背底强度，导致谱线的重叠现象严重。能谱仪的能量分辨率一般为 130eV，远比波谱仪的能量分辨率低（5eV）。

7.3　波谱仪

7.3.1　波谱仪及其构成

如前所述，对于电子探针试样产生的特征 X 射线，有两种方法获得其谱线，即能量色散谱法和波长色散谱法。上文介绍了能谱仪，下文将介绍波谱法及波谱仪。波谱法的主要原理是根据布拉格方程，将从试样激发的X射线经过适当的晶体分光，波长不同的特征X射线将具有不同的衍射角。利用这个原理制成的谱仪就是波谱仪，波谱仪主要包括分光晶体、X射线探测器和控制与数据处理等部分，其中分光系统由机械部分和分光晶体组成，下面重点介绍分光晶体。

1. 分光晶体的展谱原理

分光晶体的展谱主要利用晶体对X射线的布拉格衍射。设想一种特定的晶体，其平行于表面的晶面（hkl）的间距为d，则对于不同波长λ的X射线来说，只有在一定的入射条件下，才能发生强烈的衍射，即发生衍射的条件是需要满足布拉格衍射条件。

其原理如图7-6所示，图中，S为X射线发射源，C为分光晶体，D为X射线检测器，三者位于一个半径为R的聚焦圆上，同时，弯曲的分光晶体中的衍射面（hkl）的曲率半径等于$2R$，同时通过表面研磨，分光晶体的表面曲率半径也与聚焦圆相符。在这种情况下，由于衍射晶面的曲率中心总是位于聚焦圆的圆周上（如图中M点），晶体表面相对于由发射源S发射的X射线入射角处处相等，且衍射束被聚于圆上的D点。显然，由发射源至晶体的距离L与聚焦圆半径R之间满足：

$$L = 2R\sin\theta = \left(\frac{R}{d}\right)\lambda \tag{7-4}$$

由上式可以看出：波长A与晶体到点光源的距离L有一一对应的关系，改变L值，在D点便可以得到不同波长λ的数值。

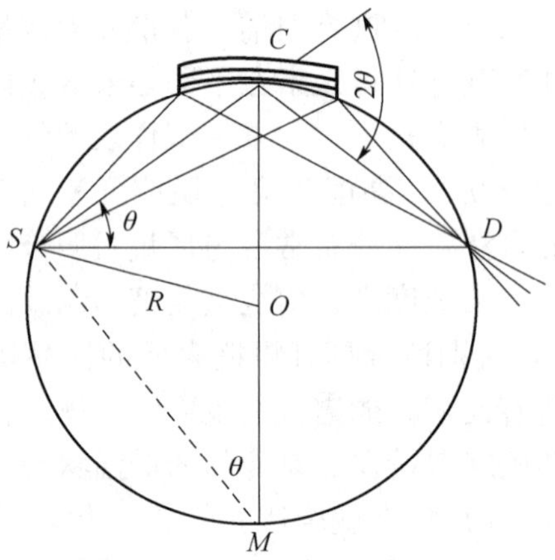

图7-6　弯曲晶体谱仪聚焦方式示意图

2. 全聚焦直进式分光谱仪

目前在波谱仪中，分光系统的结构一般都是全聚焦直进式，其工作原理如图7-7所示。晶体（C）沿着固定的导臂滑动，导臂通常平行于被检测的X射线出射方向；同时绕垂直于聚焦圆平面的轴转动以改变θ角，而检测器（D）沿另一导臂滑动，该导臂可以绕晶体的转动轴实现摆动。在此结构方式下，聚焦圆的半径R是固定的，但其圆心则是沿以发射源（S）为圆心、R为半径的圆周运动。考虑分光晶体衍射晶面的间距是固定的，谱仪的角也只能在有限的范围内变动，所以某一特定晶体只能检测某个波长范围的 X 射线。

为了使可分析元素尽可能地覆盖周期表中所有的元素，必须配备不同晶面间距的分光晶体；一般来讲，电子探针仪会配有 2～5 道谱仪，每道谱仪装有两块可以交换使用的晶体。

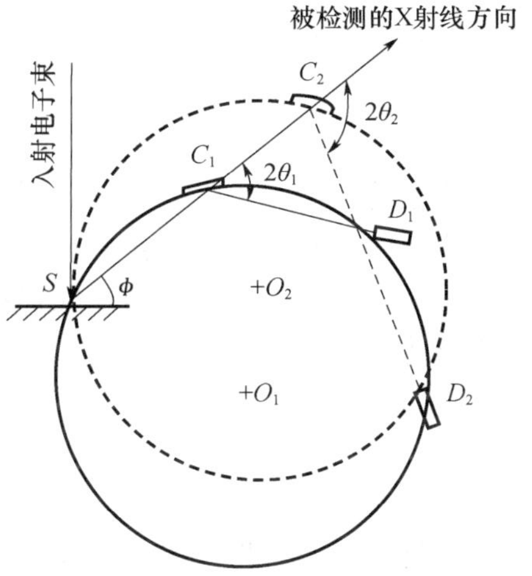

图 7-7　直进式弯曲晶体谱仪工作原理

3. 检测与数据显示部分

由晶体衍射所得的单一波长 X 射线信号，常采用正比计数管接收，并把接收的 X 射线转换为电信号，正比计数管的放大倍数为 10^4，输出电压为 1mV 左右。

从计数管输出的电压，一方面可以经过前置放大器和主放大器，放大成 0～10V 的电压脉冲信号，这个信号再送到脉冲高度分析器和计数率计，后者与一个表头相连，指示出单位时间内脉冲平均数；另一方面，这个电压还可以送到显像管配合扫描装置得到 X 射线扫描像。在定量分析时，定标器能精确地记录在任意选定的时间内的脉冲总数。记录到的数值可直接显示出来，也可以通过打印机输出，作为永久性记录。

7.3.2　波谱定性分析方法

1. 定点分析

点分析主要有全谱分析、定量及半定量分析等。全谱分析的分析步骤是调好试样位置后，打开驱动分光晶体的同步电机，使 L 由低到高即衍射角 θ 从小到大扫描，按照各峰值的 L 值，求出对应的 λ 值，查表可得样品中所含的一切元素。通过全谱分析，对于未知成分的试样，可以确定试样中含有哪些元素。

半定量分析的理论基础是：如果忽略吸收效应、原子序数效应，荧光效应对特征 X 射线强度影响因素，可以近似认为“某元素的特征 X 射线强度与该元素在试样中的含量呈正比”。在这样假设条件下，对于精度要求不高的半定量分析来说，在束流、加速电压不变的情况下，分别测量成分已知的标样与未知成分试样中，对应检测元素的特征

X射线强度。如果将在标样中特征X射线强度标为I_0，在试样中标为I_s，I_0与I_s可以由定标器读出或由记录纸上该峰的积分面积计算而得。如果标样中含量为K_0，则试样上该元素含量K_s为：

$$K_s=\frac{I_s}{I_0}K_0 \tag{7-5}$$

这种方法近似地反映测量元素的含量，但有时误差较大。

2. 线扫描

使电子束在试样表面沿预先选定的直线扫描，谱仪固定接收某一元素的特征X射线得到被测元素在所分析的直线上的分布状况。一般使电子束做定点扫描即静止不动。在试样移动轴上安装同步电机，使试样以十分缓慢的速度移动（$v=2\mu m/s$），并由记录仪记录下不同位置的特征X射线强度。

3. 面扫描

使电子束在试样表面做光栅扫描，谱仪固定接收某一元素的特征X射线，并以此调制荧光屏亮度。得到整个扫描微区面上被测元素的分布状态。若在扫描微区面上某点被测元素含量较高，发射特征X射线信号就强，于是在荧光屏上就得到较亮的图像；反之，在荧光屏上得到较暗的图像。通过这些，可以定性地显示一个微区面上某元素的偏析情况。例如，针对金属中的夹杂物，不仅要观察形貌，而且要分析夹杂物成分。光学显微镜只能观察夹杂物的形态，而电子探针则可以兼具形貌和成分分析。

波谱仪的突出优点是波长分辨率很高。但是，波谱仪也具有两个缺点：①X射线信号的利用率极低。波谱仪的结构决定要想有足够的色散率，就必须增大聚焦圆半径。而增大的聚焦圆半径会导致弯曲的分光晶体离X射线光源的距离加大，同时分光晶体对X射线光源所张的立体角会变小。此时，对X射线光源发射的X射线光量子的收集率就会很低，致使X射线信号的利用率极低。②经过晶体衍射后强度损失很大，所以，波谱仪难以在低束流和低激发强度下使用。

实验一　电子探针-能谱仪实验

[实验目的]

（1）了解能谱仪的结构及工作原理。
（2）熟悉能谱分析步骤、方法及应用。
（3）学会正确选用微区成分分析方法及其分析参数的选择。

[实验器材及样品制备]

电子探针仪或具有电子探针的扫描电子显微镜、透射电子显微镜。电子探针仪的样品制备与扫描电镜的样品制备相似，参考扫描电镜样品制备方法和步骤。

[实验步骤与方法]

1. 样品处理

实验前首先对样品进行适当的处理，确保样品表面要保持平整、光洁和导电，避免油污或其他腐蚀性物质存在。

2. 调整扫描电子显微镜的状态，使 X 射线 EDS 探测器以最佳的立体角接收样品表面激发出的特征 X 射线

（1）调整电镜加速电压，一般选择为最高谱峰能量的 1.5 倍。

（2）调整工作距离、样品台倾斜角度以及探测器臂长。一般情况出射角为 30°左右。

（3）调整电子束对中和束斑尺寸，使输入计数率达到最佳。对于金属样品，一般应在 1000～3000。

3. 选区

正确选择作用区域，才可能得到正确的结果。

4. 快捷启动操作界面

（1）选择时间常数，使时间常数在 20％～40％。

（2）预置收集时间。

（3）完成谱线收集。

（4）调节对谱线的观察。

（5）单击峰识别键，进行自动峰识别。

（6）“HPD”键用于峰的识别和确定。单击 HPD 键后，依据识别峰和收集参数将产生一条理论上的谱线，该谱线将在所收集的谱线上绘出。

（7）送入谱线标识，最多 216 个字母。该标识将随着谱线存储和打印。

（8）单击定量分析键，得到无标样定量分析结果。

（9）打印和存储。

[实验记录与报告]

（1）简要说明能谱仪的工作原理、使用和测试步骤。

（2）分析数据，并根据数据说明实验参数产生的测试误差和控制技术。

实验二　电子探针-波谱仪实验

[实验目的]

（1）了解波谱仪结构和分析方法。

（2）了解波谱分析原理。

（3）了解波谱分析样品制备的要求、操作程序以及分析波谱数据的方法。

[实验器材及样品制备]

电子探针仪及其相关附件。实验样品制备要求如下：

（1）样品尺寸合适，以 S-550 扫描电镜为例，样品参考尺寸为：直径 $D<26\text{cm}$，高度 $H\leqslant 10\text{mm}$。

（2）样品表面质量要符合要求，表面要求抛光，而且确保清洁无异物。

（3）表面具有良好的导电性，绝缘或者非良好导体样品要进行镀膜处理，在表面喷镀层不含所分析元素的金属薄膜。

（4）预先观察采用光学显微镜下进行，用显微硬度或其他方式做好选择区域的标记，方便在进一步分析时寻找。

（5）特殊位置观察分析，如侧面、斜面等位置实验前必须将样品嵌镶在导电的材料里，才能进行后续的观察和分析。

［实验步骤与方法］

（1）调整样品位置。

样品位置调整依赖仪器中的光学显微镜。例如，有的仪器光学显微镜投影镜中会有一个十字线，当十字线清晰时，样品位置调整完毕。

（2）加速电压的选择。

一般认为加速电压应选择为元素激发电压的 4～8 倍，能够得到良好的峰背比。实际上选择可以参考下表：

超轻元素	B-O	10kV
轻元素	F-K	15～20kV
重元素	Ca-U	25～30kV

（3）束流的选择。

无论是定量还是定性分析，同一组样品要在完全相同的束流下分析。一般分析时束流在 $10^{-8}\sim10^{-7}\text{A}$。针对易污染易烧损的样品，最好用较小的束流。

（4）物镜光阑选择。

选择大孔径的物镜光阑。

（5）分光晶体的选择。

尽量避免使用数值过小或过大的晶体。

（6）PR 气体（氩-甲烷混合气）的调节。

计数管内的气流应保持均匀，因此对气体的气压和流速有一定要求。将气体出口的塑料管放入水中，以每分钟冒出 50～60 个气泡为宜。或者根据仪器要求，确定波谱仪气压值。

［实验记录与报告］

（1）简要说明 X 射线波谱仪结构、使用步骤和分析原理。

（2）记录和分析实验测得的数据，掌握 X 射线波谱仪使用和基本用途。

（3）说明实验测试结果的影响因素和控制手段。

（4）明确 X 射线波谱仪和常见的其他检测手段之间的关系。

第 8 章　综合热分析实验

热分析是指结合程序控制和一定气氛保护，通过变温技术，测量物质的某一物理或者化学性质与温度或时间之间的关系，并通过此关系获得材料热物性领域方面相关信息的一种技术。利用热分析技术能测定物质的许多特性参数，如相变、比热容、热导率、热扩散速率、线膨胀系数等。如果同时结合其他分析方法，如常规的紫外、红外、原子吸收光谱、扫描电子显微镜、能谱分析等，就可以针对材料性能和结构以及它们相互关系进行有效分析，某种程度上，可以认为，热分析技术和其他材料分析技术是相互并列、相互补充和相互完善的。

最早发现的热分析技术起源于热失重，由英国人 Edgwood 在 1786 年研究陶瓷黏土时首先观察到的。但是，最原始的差热曲线是 1887 年法国的 Le Chatelier 基于热电偶测量温度的方法获得的。为此，他被公认为差热分析技术的创始人。1899 年，英国人 Roberts-Austen 改进了 Le Chatelier 差温测量时采用的差示法，他把试样与参比物放在同一炉中加热或冷却，并采用两对热电偶反向串联，分别将热电偶插入试样和参比物中的测量方法，提高了仪器的灵敏度和重复性。

另外一种重要的热分析方法是热重法。世界上第一台热重法使用的仪器热天平是 1915 年日本的本多光太郎发明的。20 世纪 40 年代末期，美国的 Leeds 和 NortL rup 公司，开始制作商品化电子管式的差热分析仪。到 1964 年 Wattson 和 O'Neill 等人第一次提出了“差示扫描量热法”的概念，后来被 Perkin-Elmer 公司采用，研制了差示扫描仪 DSC。

计算机技术与自动控制引入热分析领域起始于 20 世纪 70 年代，1971 年热天平技术完全自动化。到 70 年代末期，英国 Perkin-Elcr 公司制成商品化的专用于热分析仪器方面的微处理机温度控制器，接着日本理学电机、第二精工舍、岛精、瑞士 Mettler、美国 Du-Pont、法国 Sctafam、德国 Netzsck 等公司相继制成了类似的产品。这一时期的新型热分析联用技术也发展较快，研制出的各种类型热分析仪有 EGA、TMA、DMA、TG-DTA、TC-EGA、TG-MSC（质谱）、TG-（气相色谱）、DTA-MS 等。进入 80 年代，各公司先后又把微型计算机用于热分析方面的数据处理，并制成商品化的热分析数据台。电子技术的发展，一方面大力推动热分析仪器的操作、精度、重复性、分辨率和自动数据处理装置的改善和提高；另一方面扩展了热分析技术的应用领域，从 20 世纪到目前，热分析技术应用范围越来越广泛，见表 8-1。

表 8-1　热分析技术的应用

年代	典型应用
19 世纪末到 20 世纪初	黏土、矿物以及金属合金方面
20 世纪中期	无机物、络合物、有机化合物和高分子

续表

年代	典型应用
20 世纪 70 年代初	生物大分子和食品工业
20 世纪 80 年代	胆固醇、前列腺结石、解毒药等
现在	几乎所有领域

目前，国际上热分析测试设备的制备技术相对比较先进的产品有德国的耐驰仪器公司、日本的理光、美国的 TA 仪器公司所生产的热分析仪器产品，这些产品的发展代表着国际热分析仪器的发展，尤其是德国的耐驰仪器公司，可以实现－260～2800℃的温度测量范围，其一流的品质，正在使耐驰热分析仪器在国际热分析市场占据主导地位。

8.1 热分析法简介

热分析法的种类较多，目前国内外常用的热分析法有热重法（TG）、差热分析法（DTA）、差式扫描量热法（DSC）、热机械分析法（TMA、DMA）等，而最常用的是 DTA、DSC 和 TG 三种方法。

热重法是在程序控温和一定气氛下，测量试样的质量变化与温度（T）或时间（t）关系的技术。热重曲线是以试样质量为纵坐标，温度或时间为横坐标。记录热重曲线对温度或时间的导数可得到表示失重速率的微商热重曲线。

差热分析法是选择两种物质，一种是待测量物质，一种是测量过程中的标准比对物质，后者是一种在一定实验温度下不发生任何化学反应和物理变化的稳定物质（参比物）。标准比对物质与等量待测的未知物在相同环境中等速变温的情况下相比较，如果未知物在化学和物理上发生变化，通过与和它处于同一环境中的标准物的温度相比较，就会出现暂时的增高或降低。如果降低就意味着为吸热反应，如果增高就意味着放热反应。所以，该方法广泛应用于测定物质在热反应时的特征温度及吸收或放出的热量，包括物质相变、分解、化合、凝固、脱水、蒸发等物理或化学反应。以参比物与样品间温度差为纵坐标，以温度为横坐标所得的曲线，称为 DTA 曲线。很显然，在 DTA 曲线中，向上的峰表示放热反应，而向下的峰表示吸热反应。

差示扫描量热法指在程序控温和一定气氛下，测量输给试样和参比物的热流速率或加热功率（差）与温度或时间关系的技术。差示扫描量热仪记录到的曲线称 DSC 曲线，在 DSC 曲线中，以试样与参比物的功率差 dH/dT 为纵坐标，试样与参比物的功率差 dH/dT 也可称作热流率，单位为 mJ/s，以时间或温度为横坐标。采用差示扫描量热法可以测量多种热力学和动力学参数，例如比热容、反应热、转变热、相图、反应速率、结晶速率、高聚物结晶度、样品纯度等。DTA 和 DSC 仪器装置相似，DSC 是为了克服 DTA 的缺点发展而来的，本质区别在于差示扫描量热法是测定热流率，而差热分析是测定待测试样和参比物两者间的温度差。相比于差热分析，差示扫描量技术的分辨能力和灵敏度更高。

热机械分析法是以一定的加热速率加热试样，使试样在恒定的较小负荷下随温度升高发生形变，测量试样温度-形变曲线的方法。其主要包括热膨胀法、非振动负荷下的静态热机械分析法以及振动荷载下的动态热机械分析法。它们之间最主要的差别来自它们测量时负载力的不同。热膨胀法是测量试样负载力为零，即仅有自身重力而无外力作用时，在程序温度控制下，膨胀或收缩引起的体积或长度的变化。静态热机械分析是指在程序控制温度静态负载力（非振动负载）下测量试样形变与温度之间关系的技术，试样处在程序控温条件下，施加某种形式的荷载，随着温度的升高不断测量试样的变形，以变形对温度作图即可得到温度形变曲线。静态热机械分析多用来研究高分子材料的玻璃化温度、流动温度、相转变点、应力松弛等。动态热机械分析是指在一定气氛交变应力和程序控制温度的作用下，测量物质在动态负载力（振动负荷）下的动态力学性能与温度关系的技术。动态热机械分析是用来测量高分子结构变化-运动-性能三者间关系的重要方法，很适合于在动态荷载下工作的产品结构、配方设计。其主要特点是测试样品量很小，可在很宽的温度或频率范围测定材料的动态力学性能，获得 DMA 曲线。

8.2 热重分析技术

8.2.1 热重仪器原理

TG 仪器结构包括基本的加热炉体、高精度天平、电子控制部分、软件以及一系列的辅助设备。如图 8-1 所示为顶部装样品的热重分析仪结构示意图。炉体为加热体，在一定的温度程序下运作，炉内可以通入不同的气氛，如氮气、氩气、氦气等保护性气氛，氧气、空气等氧化性气氛，也可以是其他特殊气氛等，或在真空或静态气氛下进行测试。在测试进程中，样品支架下部连接高精度天平，当样品发生质量变化（如分解、氧化、还原、吸附与解吸附等）时，高精度天平可以动态感知样品的瞬时质量变化，通过记录对应温度，可以得知该失重/增重过程所发生的温度区域，进一步定量计算失重/增重比例。这些数据传送到计算机，由计算机画出样品质量对温度/时间的曲线，即 TG 曲线，相应的失重或增重在 TG 曲线上体现为曲线发生台阶变化，若对 TG 曲线进行一次微分计算，得到热重微分曲线（DTG 曲线），可以进一步得到质量变化速率等更多信息。

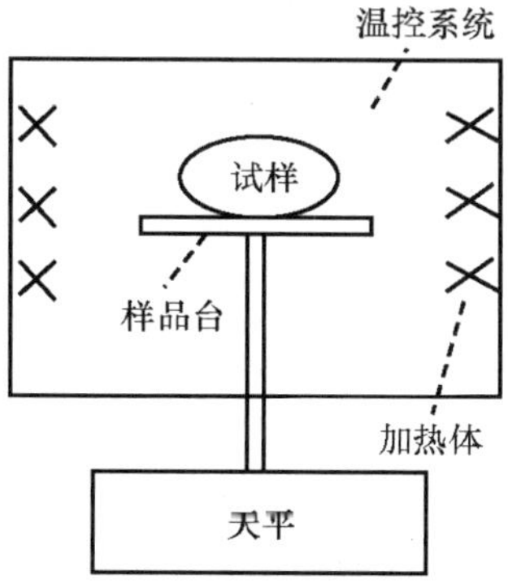

图 8-1 热重分析仪原理图

8.2.2 热重曲线及分析

如图 8-2 所示为水合草酸钙的热失重曲线，现在的热失重仪器支持更换坐标轴，如横轴温度与时间进行转换，纵轴也可添加其他坐标。图中上侧曲线为热重微分曲线（DTG 曲线），即 TG 曲线上各点对时间坐标取一次微分作出的曲线：表征质量变化的速率随温度/时间的变化，其峰值点表征了各失/增重台阶的质量变化速率最快的温度/时间点。图中下侧曲线为热重曲线：表征了样品在程序控温过程中质量随温度/时间变化的情况，其纵坐标为质量百分比，表示样品在当前温度/时间下的质量与初始质量的比值。

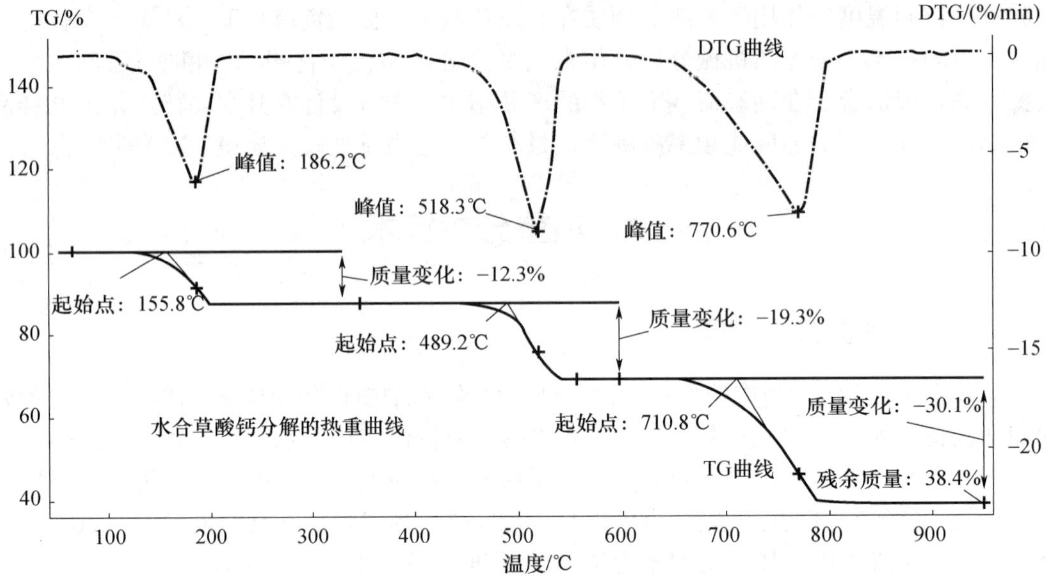

图 8-2 水合草酸钙的热失重曲线

注：样品质量 7.95mg，升温速率 20K/min，氧化铝坩埚，氮气吹扫。

依据图 8-2 所陈列曲线，可以展开如下分析：

（1）确定失/增重发生的参考温度点。

TG 曲线外推起始点，TG 台阶前水平处作切线与曲线拐点处作切线的相交点，可作为该失/增重过程起始发生的参考温度点，多用于表征材料的热稳定性。

（2）确定停止失/增重发生的参考温度点。

TG 曲线外推终止点，TG 台阶后水平处作切线与曲线拐点处作切线的相交点，可作为该失/增重过程结束的参考温度点。

（3）确定质量变化速率最大的温度/时间点。

根据 DTG 曲线的峰值确定，质量变化速率最大的温度/时间点，对应于 TG 曲线上的拐点。

（4）确定质量变化和残余质量。

分析 TG 曲线上任意两点间的质量差，用来表示一个失重（或增重）步骤所导致的样品的质量变化。残余质量可以通过测量结束时样品所残余的质量确定。

（5）特征参数标定。

通过软件处理测试曲线，可对 TG 曲线的拐点、DTG 曲线外推起始点、DTG 曲线外推终止点等特征参数进行标定。

8.2.3　热重分析的影响因素

为了获得精确的实验结果，分析各种因素对热分析数据的影响显得十分必要。热重分析测试也是这样，所以，有必要研究热重分析的影响因素。一般来讲，实验室开展的实验测试，其影响因素离不开仪器的因素、实验条件的因素和参数的选择、试样的影响因素等。如下所述。

1. 仪器因素

仪器因素主要包括气氛对样品容器和样品支架会产生浮力、炉内热对流会引起外观质量变化、采用热电偶测试温度所形成的和真实温度的误差以及试样由于受热分解导致试样杯的构型和材料对测试产生影响等。

（1）气氛浮力和对流。

热失重分析可以在动态和静态气氛下进行操作。气氛会产生浮力和对流。浮力的变化是由于升温使试样周围气体热膨胀从而产生密度变化而引起的。由于不同的温度下气体密度有所不同，因此随着温度的上升，试样周围的气体密度发生变化，造成浮力的变化。300℃时，浮力降低为常温的 1/2；900℃时，大约为常温的 1/4。在试样质量没有变化的情况下，由于升温，似乎试样在增重，这种现象称为表观增重。表观增重（ΔW）可用式（8-1）计算：

$$\Delta W = Vd\ (1-273/T) \tag{8-1}$$

式中，V 为加热区试样盘和支撑杆的体积；d 为试样周围气体在 273K 时的密度；T 为绝对温度。

除了浮力的影响，还有对流的影响，尤其是动态气氛下的测试。由于天平系统处在常温环境中，而试样周围受热，因此不可避免会形成对流。浮力和对流会引起热重曲线的漂移，热天平内外温差造成的对流还会影响称量的精确度。对于炉内热对流引起的外观质量变化，可以通过在炉子保温套内侧加一防止对流的盖子来控制，通过盖子中央带有一个大小在一定范围内可变动的孔径，借助减少或增加不同大小的圆环来实现。

考虑上述气氛因素，热重实验过程中，要保证气体流量的平稳，以避免气流变化影响失重曲线。因此，在试验过程中不要改变气体流量，尽量避免载体流动对天平造成影响。

（2）温度测量。

热重分析中的温度测量，一般还是借用热偶所测得的热电势来完成的。因此，为了尽可能使测得的温度接近试样真实温度，就必须考虑热偶及其位置以及温度标准物质等有关问题。

（3）坩埚的构型和材料。

试样容器（坩埚）可由多种材料制成，如铂、银、镍、铝等金属，石英、刚玉、玻璃、陶瓷等无机材料，试样容器对热重曲线的影响主要来自坩埚的形状、大小和结构材料。对于坩埚材料来讲，一方面，坩埚的材料对试样应该是惰性的，有些坩埚材料能与试样发生反应或起催化作用，同时应根据试样的状态，确定坩埚是否加盖卷边或密封。另一方面不同的坩埚材料具有不同的应用温度范围，导热和热辐射也有所不同，也会对热重曲线产生影响。尤其是在分析聚合物时，一定要重视坩埚材料的选择，其对测试影响非常明显。一般情况下，预定温度在500℃以下时，使用铝容器，预定温度超过500℃时使用铂容器。

对于坩埚的形状和大小来讲，实验证明，小而浅的坩埚比大而深的坩埚容易得到准确可靠的实验数据，但需要注意的是，浅盘状坩埚不适合有爆裂或形成泡沫的试样，也不能用于流动气氛中的测试。例如，试样放在深的圆柱形杯中，试样周围的气体分压力必然增大，这时使得气体扩散速度决定了反应速度，结果对反应有抑制作用；采用带盖试样杯或者试样杯中的试样填充得太紧密，也会产生上述同样现象。此外，坩埚的影响有时还可能与坩埚的多孔性或坩埚原来的使用历史有关。

2. 实验条件的因素

(1) 升温速率。

对简单反应过程来讲，升温速率不改变曲线形状，但是会导致曲线偏移，一般地说，升温速率增加，热重曲线位置向高温方向移动。此外，在给定的温度下，对于同一试样升温速率影响分解程度，加热速度快的比加热速度慢的分解程度要小。如果反应是多个连续反应过程，升温速率过快得到的TG曲线拐点很不明显，不利于中间产物的检出。所以，一般来说，在热重分析法中，升温速率尽量慢些。但快速升温并不总是有害的，升温速率的选择归根结底要看具体的试验条件和试验目的。例如，当样品量很小时，快速升温则显得格外重要，它能检查出分解过程中形成的中间产物，慢速升温则不能达到此目的。

(2) 试样因素。

试样因素包括试样质量、试样粒度、填充方式等。在热重分析中，在热重分析仪灵敏范围内试样用量应尽量小，试样用量从三个方面影响TG曲线：①试样反应时放热或吸热都会使得试样本身温度与线性上升的炉温发生偏离，一般地说，如果其他因素恒定，试样质量越大，则发生这种偏离也越大；②反应所产生的气体通过样品粒子周围空隙向外扩散的速率与试样量有直接的关系，在试样容器容积一定时，试样量越大，反应物越不容易扩散；③整个试样的温度不可能是均匀的。因此，取用的试样量应该是尽可能的少（但不是越少越好），试样层尽可能薄。

试样的粒度或表面积大小对热重曲线形状也有影响。试样粒度对热传导、气体扩散有着较大的影响，试样的晶粒大，可能会产生烧爆作用，从而使TG曲线上出现突然失重。试样粒度越小，达到温度平衡也越快，对于给定的温度，分解程度也越大。一般来说，试样粒度越小，初始分解温度和终止分解温度都相应降低，反应区间变窄，试样颗粒度大往往得不到较好的TG曲线。

试样填充状态和试样热传导系数有着密切关系。实验证明，试样装填方式对TG曲线也有影响。一般来说，试样装填越紧密，试样颗粒间接触越好，越有利于热传导，因而温度滞后越小。但试样装填越紧密，越不利于气氛向试样内扩散，不利于气氛与试样颗粒的接触，更严重的是阻碍了分解气体产物的扩散和逸出，从而影响热重分析的测试结果。

(3) 气氛。

热重分析中的试样，受热后发生反应时，与气氛直接有关的常涉及两种情况：一种是试样本身发生分解并产生气体产物；一种是试样与周围气氛（如空气、氧气等）发生作用，这两种情况明显影响 TG 曲线形状。为了将试样周围的气氛组成保持恒定并防止试样与气氛反应或气体产物与气氛反应，常向炉内导入惰性气流。

3. 试样的影响因素

（1）试样的反应热。

反应热的产生会使试样温度和炉温发生偏离，试样温度对炉温来讲究竟是高还是低依赖反应是放热的还是吸热的。如果是放热反应，试样温度升高，减少试样温度和炉温的滞后；如果是吸热反应，则会加大滞后现象。

（2）试样的热传导系数。

试样加热主要是靠热传导方式进行的，试样的热传导系数除了与试样量、试样填充状态有密切关系外，试样材料本身以及不同的反应过程也会影响热传导，影响测试效果。

（3）试样的凝聚。

试样受热分解或升华，分解或逸出产物从试样中挥发出来，往往在试样盘及支承杆等热重分析仪的低温区冷凝，这不但会污染仪器，而且会使实验结果产生严重偏差。

8.3　差示扫描量热法

与差热分析测量法比较，由于仪器原理不同，差示扫描量热法除了可以测试相变温度、等温度特征点外，还可以完成相变温度点以及相变时的热量变化的测量。这是 DSC 优于 DTA 的主要方面，也就是说，DTA 曲线上的放热峰和吸热峰没有确定物理含义，而 DSC 曲线上的放热峰和吸热峰则分别代表放出热量和吸收热量。因此，常常以 DSC 为例来剖析量热分析。

8.3.1　差示扫描量热法基本原理

差热分析法（DTA）是在程序控温下，测量物质与参比物之间的温度差随着温度或时间变化的一种技术。根据国际热分析协会规定，DTA 曲线放热峰向上，吸热峰向下，灵敏度单位为微伏（μV）。差热分析测量原理如图 8-3 所示。

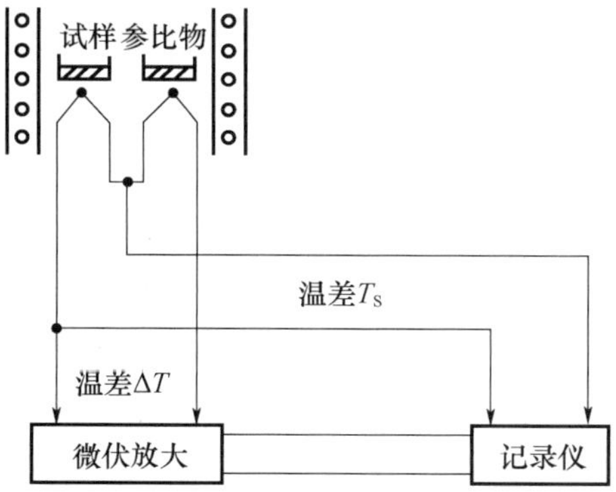

图 8-3　差热分析仪工作原理示意图

DTA 测定时，将试样与参比物（常用 α-Al_2O_3）分别放在两只坩埚中，置于样品杆的托盘上，托盘底部装有一对热电偶，通过连接而成差接形式，然后使加热炉按一定的速度升温，如测试常常使用的 10℃/min。如果试样在升温过程中没有发生热反应，也就是没有发生吸热或放热，则其与参比物之间的温差 $\Delta T=0$；如果试样产生相变，如气化则吸热，氧化分解则放热，从而产生温差 ΔT，将 ΔT 所对应的电势差（电位）放大并记录，便可以得到实际的差热曲线。

将待测体系在程序控温下，通过不断加热或冷却降温，在温度变化过程中，如果测试物质发生晶型转变、熔化、升华、挥发、还原、分解、脱水或降解等变化，那么这些变化都将体现在差热曲线上。一般差热曲线包括差热峰的数目、位置、方向、面积、高度、宽度和对称性等参数，这些参数可以定性鉴别物质及其所发生的变化，如差热峰的数目表明被测试样在测定的温度范围内所发生的变化次数；峰的位置常用峰温来表征，每种试样所发生的相变或化学变化都有其所对应的特征的峰温；峰的方向表明试样发生变化时热效应的正负；峰的面积与热效应呈正比。由于各种物质往往具有不同的物理特性，因此，不同物质可以表现出其特有的差热曲线。根据差热曲线，便可鉴别试样的种类及内在性质所发生的变化。

差示扫描量热法（DSC）是在程序控温下，测量物质与参比物之间的能量差，而不是温度差，随温度变化的一种技术，其测定原理如图 8-4 所示。

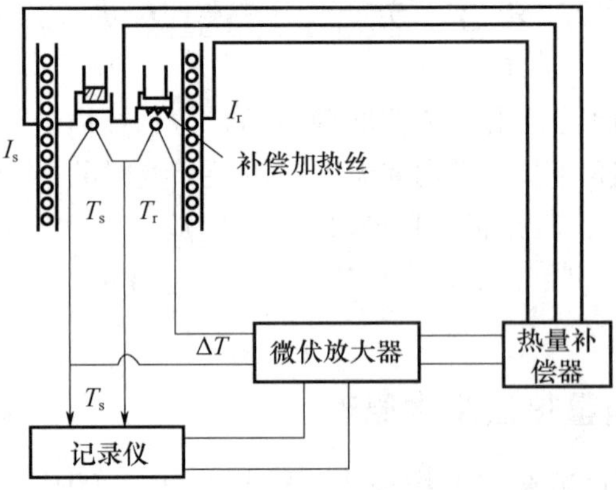

图 8-4　差示热分析仪工作原理示意图

DSC 原理与 DTA 相似，所不同的是在试样和参比物的容器下面，设置了一组补偿加热丝，在加热过程中，当试样由于热反应而出现温差 ΔT 时，通过微伏放大器和热量补偿器，使流入补偿加热丝的电流发生变化。试样吸热时，温度 T_s 下降，热量补偿放大器使电流 I_s 增大。反之试样放热时，则参比物一边的温度 T_r 下降，热量补偿放大器使电流 I_r 增大，直至试样与参比物的温度达到平衡，温差 $\Delta T \to 0$。由此可知，试样的热量变化（吸热或放热）由输入电功率来补偿，因此只要测得功率的大小，就可测得试样吸热或放热的多少。吸（放）热量与功率补偿之间的关系式如下

$$\Delta T=C\ (W_S-W_C) \tag{8-2}$$

$$W_C = K\Delta T \tag{8-3}$$

式中，C 为热容量；W_S 为吸（放）热量（即样品产生的热量变化的电功率）；W_C 为电

功率补偿量；K 为放大器放大倍数。将式（8-2）代入式（8-3）可得到下式：

$$W_C = KC(W_S - W_C) \tag{8-4}$$

移项整理

$$\frac{1}{K} = C\left(\frac{W_S}{W_C} - 1\right) \tag{8-5}$$

若 $K \gg 1$，则

$$C\left(\frac{W_S}{W_C} - 1\right) \approx 0$$

式中，K 值越大越好，从而使 $W_C \approx W_S$，即电功率补偿量约等于试样吸（放）热的热量。根据 ICTA 规定：DSC 曲线的纵轴为热流速率 $\mathrm{d}Q/\mathrm{d}t$，横轴为温度或时间。表示当保持试样和参比物的温度相等时输给两者的功率之差，曲线的吸热峰朝上，放热峰朝下，灵敏度单位为 mJ/s。

DSC 比 DTA 易于定量，可测定样品在发生转变时热量的变化，其热函变化值 ΔH 与吸热或放热峰的面积 A 呈比例，即

$$\Delta H = KA \tag{8-6}$$

式中，A 为吸热或放热峰的峰面积；K 为校正系数，与样品的导热系数和测定池的种类、气氛有关。K 值可由已知焓的标准物测得的热谱图的峰面积求出。

8.3.2 DSC 仪器

根据测量方法不同，DSC 分为功率补偿型和热流型两类，典型的热流型和功率补偿型差示扫描量热仪的基本原理示意如图 8-5 所示。

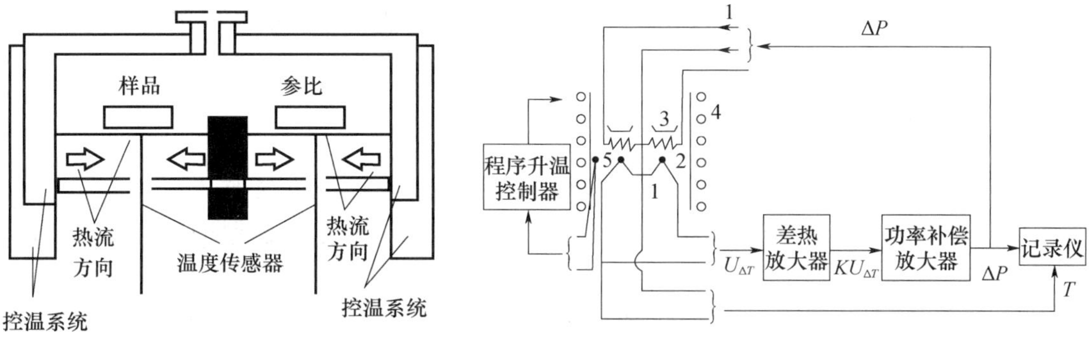

(a) 热流型DSC的原理图　　(b) 功率补偿型DSC原理图

图 8-5　差示扫描量热仪的基本原理示意图

现代 DSC 仪器结构较为复杂，包括基本的加热炉体、传感器、电子控制部分、软件以及一系列的辅助设备。在气体控制附件方面，可以配备传统的转子流量计、电磁阀，也可配备精度与自动化程度更高的质量流量计（MFC）。常规方法是用氮气作为惰性吹扫气氛，而用空气或氧气作为氧化性气氛使用。在冷却控制附件方面，仪器可以连接三种不同类型的冷却设备，即液氮系统、机械制冷、压缩空气冷却。这三种冷却方式各有不同的特点和适用场合。

8.3.3 差示扫描量热法的影响因素

差示扫描量热法的影响因素与热重的影响因素类似，典型的因素包括升温速率、样品质量、参比物的选择、气氛和坩埚材料选择和尺寸等。不同升温速率对DSC测试结果影响很大，过快的升温速率通常会提高反应的起始温度、峰温和终止温度，将完全的反应推入进更高的温度，在高温区反应会以更快的速度进行，其结果是使DSC曲线的峰温升高，同时峰位幅度变窄，呈现峰位尖锐化。

试样质量对热分析曲线的峰温、峰面积和形态均有影响。试样的松散度会影响测试结果，堆砌松散的试样颗粒之间有空隙，使试样导热变差，而颗粒越小，堆砌得越紧密，导热良好。试样用量影响测试结果，少量试样有利于气体产物的扩散和试样内部温度的均衡，减小温度梯度，降低试样温度与环境线性升温的偏差；试样粒度影响测试结果，粒子越小，DSC曲线放热峰的面积越大。一般来说，表面反应或多或少要受到试样粒度的影响，但是相转变受到粒度的影响较小。总之，为便于相互比较，应尽量采用粒度相近的试样。

参比物的选择也是直接影响差热分析的重要因素。参比物在测定温度范围内，与被测试样最好具有相近的比热容、热传导、质量和粒度等。

热分析实验常需变换气氛，不同条件下选择不同的气体，如在空气中或者在惰性气体中完成测试。对于形成气体产物的反应，如不将气体产物及时排出，或通过其他方式提高气氛中气体产物的分压，则会使反应向高温方向移动。DSC仪器中使用的坩埚可以是由非金属——氧化铝、石英等低热传导材料制成的，也可以是由金属、铝、银或白金（铂）等高热传导材料制成的。形状有微量平底、常量块体、杯形、压盖等。测定时，根据DTA、DSC、TG的测量目的与试样性质进行选择。一般常用铝杯与陶瓷杯，测定时要选用相同的坩埚。

8.3.4 DSC仪器操作步骤

如图8-6所示为义守大学提供的耐驰品牌的差示扫描分析仪照片。下文以DSC 404PC型号为例，说明DSC仪器基础操作步骤。测试前首先要完成测试的准备工作，包括如下内容：

（1）确定实验室环境：实验室不能有振动源或者大的用电设备，为确保温度恒定，室内配备空调。

（2）确定使用气体，如吹扫气体：吹扫气体一般采用惰性气体，也可用氧化性气体或还原性气体。谨慎使用氧化、还原性气体，因为这些气体会缩短样品支架热电偶的使用寿命，还会腐蚀仪器上的零部件。吹扫气体涉及的主要指标一般为输出压力应调整为0.05MPa，流速不大于100mL/min，一般情况下为20mL/min。

（3）确定测量模式：测量模式有动态测量模式、静态测量模式及真空测量模式；在有吹扫气体时的测量为动态测量模式，否则为静态测量模式，在真空状态下进行测量为真空测量模式。一般尽可能使用在惰性气氛下的动态模式进行测量，慎重考虑静态及真空测量模式，尤其是真空测量模式应尽可能避免，这样可以有效延长仪器使用寿命。

（4）确定恒温水浴：一般情况下，恒温水浴的水温调整为至少比室温高出5℃。

（5）确定测试用坩埚：测试用的坩埚，包括参比坩埚，必须与仪器设置中所选用的坩埚类型相同。此外，测量坩埚应加盖，以防反应物因反应剧烈溅出而污染仪器。

（6）样品准备：测试样品为粉末状、颗粒状、片状、块状、固体、液体均可，但是检查并保证测试样品及其分解物绝对不能与测量坩埚、样品支架、热电偶发生反应。

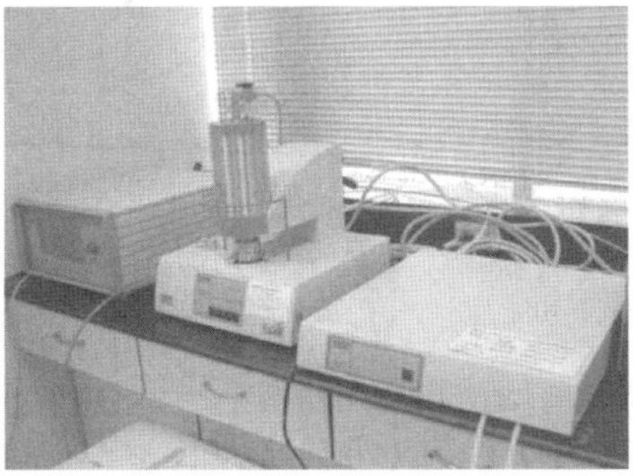

图 8-6　耐驰品牌的差示扫描分析仪

完成测试的准备工作后，就可以开机测试，测试一般在开机后 1h 以后，理论上开机过程无先后顺序。在一般情况下，为了保证仪器测量精准，除去长期不用，DSC 可以不关机。特别值得一提的是，每当更换样品支架或由于测试需要更换坩埚类型后，一定要记得修改仪器设置，使之与仪器的工作状况相符。

开机后的测试一般有 Sample 测试模式、Correction 测试模式和 Sample & Correction 测试模式。Sample 测试模式无基线校正功能。Correction 测试模式主要用于基线测量。所谓基线是指由于两个坩埚的热对称关系，在样品未发生热效应的情况下，参比端与样品端的信号差接近零，在图谱上得到的是一条近似的水平线，称为“基线”。当然任何实际的仪器都不可能达到完美的热对称，再加上样品端与参比端的热容差异，实测基线通常不完全水平，而存在一定的起伏，这一起伏通常称为“基线漂移”。因此，Correction 测试模式主要是为保证测试的精确性设置的，一般来说，样品测试应使用基线。所以，Sample & Correction 测试模式主要用于样品的测量。三个模式的具体操作都是通过计算机软件来完成和操作的。下面以 Sample & Correction 测试模式做简单如下说明：

（1）进入测量运行程序。选 File 菜单中的 Open 打开所需的测试基线进入编程文件。

（2）选择 Sample & Correction 测量模式，输入识别号、样品名称及样品质量。单击 Continue 按钮。

（3）选择标准温度校正文件。

（4）选择标准灵敏度校正文件。

（5）选择或进入温度控制编程程序，即基线的升温程序。

（6）仪器开始测量，直到完成。

8.3.5　一般差示扫描量热法曲线

如图 8-7 所示为典型的 DSC 图谱。

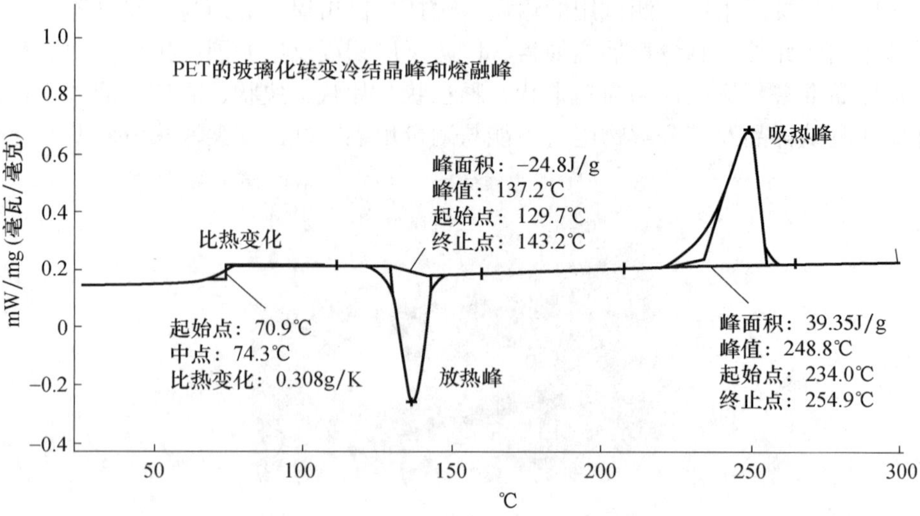

图 8-7　差示扫描量热法测量曲线

按照 DIN 标准与热力学规定，图 8-7 中所示向上（正值）为样品的吸热峰（较为典型的吸热效应有熔融、分解、解吸附等），向下（负值）为放热峰（较为典型的放热效应有结晶、氧化、固化等），比热变化则体现为基线高度的变化，即曲线上的台阶状拐折（较为典型的比热变化效应有玻璃化转变、铁磁性转变等）。图谱可在温度与时间两种坐标下进行转换。

对于吸/放热峰，较常用的可以分析其起始点、峰值、终止点与峰面积。

起始点：峰之前的基线作切线与峰左侧的拐点处作切线的相交点，往往用来表征一个热效应（物理变化或化学反应）开始发生的温度（时间）。

峰值：吸/放热效应最大的温度（时间）点。

终止点：峰之后的基线作切线与峰右侧的拐点处作切线的相交点，与起始点相呼应，往往用来表征一个热效应（物理变化或化学反应）结束的温度（时间）。

峰面积：对吸/放热峰取积分所得的面积，单位 J/g，用来表征单位质量的样品在一个物理/化学过程中所吸收/放出的热量。

另外，在软件中还可对吸/放热峰的高度、宽度、面积积分曲线等特征参数进行标示。对于比热变化过程，则可分析其起始点、中点、结束点以及拐点、比热变化值等参数。

8.4　热机械分析

热机械分析法主要研究材料的力学行为和温度之间的关系。采用热机械分析技术，可以实现开展材料的线膨胀与收缩、玻璃化温度、致密化和烧结过程、热处理工艺优化、软化点检测、相转变过程、反应动力学等领域的研究。

热机械分析通常依赖热机械分析仪来完成。鉴于热机械分析法主要是研究物质形变或力学性质与温度关系的方法，热机械分析仪的构成，就包括两个核心部分：温度控制系统和变形指标如位移等检测系统构成。前者主要用于控温，后者则主要用于形变或力学性质测量，获得在不同荷载情况下，样品的力学性能指标。

8.4.1 静态热机械分析仪

静态热机械分析仪是在热膨胀仪的基础上发展起来的，它的基本原理和热膨胀仪相同，不仅可以替代热膨胀仪，而且在结构和功能上有进一步的扩充和提升。当试样在加热的过程中产生形变，由差动变压器检测位移转变成电压信号，经过相敏放大器、有源滤波器、电压放大器、A/D 转换器后，送到计算机中。通常还把形变信号 ΔL 经过一次微分以及温度信号也输送到计算机中。由显示器显示出形变量或形变的微分随时间或温度变化的曲线。

静态热机械分析仪按照施力方式，可以分为浮筒式、天平式等多种形式，如图 8-8、图 8-9 所示。仪器其他部分，如炉体、温度控制、气氛控制等与差热和热重几乎一样。静态热机械分析仪经常被用来测试样品的线性膨胀或体积膨胀系数，而在金属或有机化学领域可以用来测试玻璃转变温度、杨氏模量等。按照应用，TMA 的操作模式可分为五种：

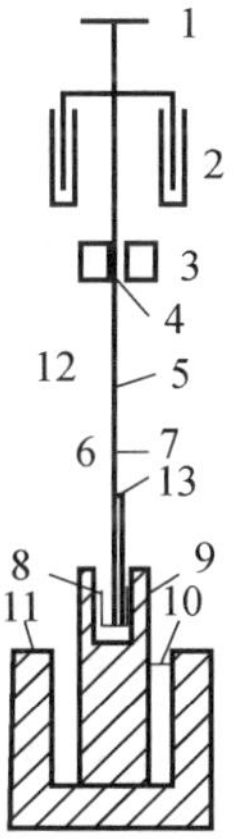

1—称重砝码；2—悬吊浮筒；3—差动变压器；4—差动变压器磁芯；5—探头连接件（耦合件）；6—探头；7—试样套管；8—加热炉；9—热池（散热片）；10—冷却剂；11—绝热层；12—气体净化；13—热电耦。

图 8-8　静态热机械分析仪原理图（浮筒式）

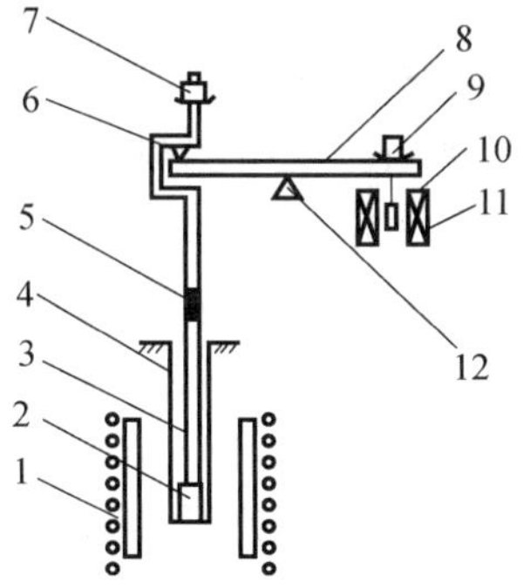

(a) 下皿式

1—加热丝；2—试样；3—探头；4—外套管；5—接头；6—边刀；7—加压砝码；8—横梁；9—拉伸砝码；10—磁心；11—差动变压器；12—中刀。

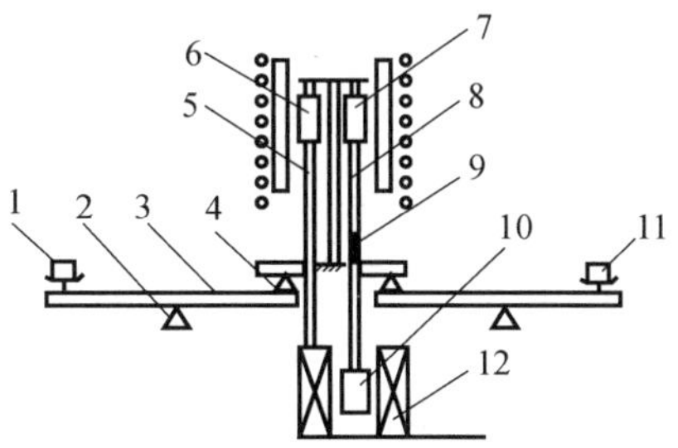

(b) 上皿式

1—加压砝码；2—刀口；3—横梁；4—刀口；5—探头；6—参比物；7—试样；8—探头；10—磁心；11—加压砝码；12—差动变压器。

图 8-9　静态热机械分析仪原理图（天平式）

第一种标准模式，该模式实际就是热膨胀仪功能，线性升温时，负载力保持恒定，通过仪器监测温度和变形位移之间的变化。第二种应力/应变模式，在恒温条件下，施加线性变化的应力或应变，测量对应的应变或应力，从而得到应力/应变图谱及相关的模量信息。所计算出的模量可以分别作为应力、应变、温度或时间的函数来表示。第三种蠕变/应力松弛模式，主要涉及蠕变和应力松弛的测量。前者按照蠕变定义，保持恒定应力，监测应变随时间的变化；后者是应力松弛实验，应变保持恒定，监测应力的衰减。第四种动态 TMA 模式的主要特点是施加力的变化模式为正弦变化，在线性升温条件下，对样品施以正弦变化的力，在此条件下，测量应变的变化。此模式可以实现储能模量 E'、损耗模量 E''和损耗因子 $\tan\delta$ 对时间、温度或应力的关系计算，一般适用于薄膜的研究。第五种调制 TMA 模式，类似于调制 DSC，是温度控制方式在传统的线性升温的基础上叠加一个设定振幅和周期的正弦波温度变化程序，将原始信号（总位移和热膨胀系数）解析成可逆和不可逆部分，可逆部分可获得相变信息（如 T_g），不可逆部分得到具有时间依赖性的动力学过程（如应力松弛）。

8.4.2 动态热机械分析及其应用

所谓的动态热机械分析是指在振动的交变应力负荷下，通过定量测定试样的机械性质，建立它们与温度、时间和频率之间的函数关系。其最大的特点是使样品处于程序控制的温度下，同时施加单频或多频的振荡力。在测试过程中，试样是在共振频率下振动，并在每个循环补充上等于由试样损失掉的那部分能量，以保持试样以恒定振幅振动，这个附加能量的对数（力学损耗或阻尼）和频率以数字表示，并记录其与温度的关系。

采用动态热机械分析可以测定材料的刚性、阻尼特性、蠕变与应力松弛、滞后与内耗、玻璃化转变、相转变、软化温度、次级松弛、固化过程等随温度、时间与力的频率的函数关系，广泛应用于热塑性与热固性塑料、橡胶、涂料、金属与合金、无机材料、复合材料等领域。

动态热机械分析在动态热机械分析仪上进行。如前面所述，热机械分析仪的构成离不开温度控制系统和检测系统。以 TA. Q800 型动态热机械分析仪为例，温度控制系统通过加热炉可提供最高 600℃的高温试验条件，低温温度范围可拓展至最低−150℃，以满足一定温度范围内材料的动态力学性能变化的分析。检测部分主要由电动机和位移传感器两部分组成，电动机提供测试过程中样品所需的驱动力，可提供驱动力范围为 0.0001～18N，力的分辨率为 0.00001N，位移传感器用来测定振幅或应变，可实现的应变分辨率为 1nm，频率范围为 0.1～200Hz。此外，仪器为了测试过程中的试样固定，还配备了多种标准夹具，如拉伸夹具、单/双悬臂梁夹具以及三点弯曲、剪切三明治夹具等，不同夹具提供了不同的形变模式。

动态热机械分析的一个典型实例是采用动态振荡测试获取金属内耗方面的信息。其主要原理是，将一个正弦变化的应力施加在待测试样上，测量由此产生的正弦应变，同时测量两个正弦波相位的偏移，对于金属材料而言，此偏移便是金属滞弹性行为分析中的滞后角 ϕ。由仪器所测得的应力与应变的比值，可以得到材料的复合模量 E^*，再根据 E^* 和滞后角 ϕ，计算得出两种模量。

$$E^* = \sigma/\varepsilon \, , E' = E^* \cos\phi \, , E'' = E^* \sin\phi \tag{8-7}$$

式中，E' 是储能模量，它代表了材料的弹性组分，表征材料的刚度；E'' 是损耗模量，代表了材料的黏性组分，与样品分子运动中机械性能的弥散有关，表征材料的内禀、内耗特性。$\tan\phi = E''/E'$ 称损耗因子，如图 8-10 所示。图 8-11 为按照此原理，余海伟等测试的 40Cr 钢内禀、内耗特性变化曲线。

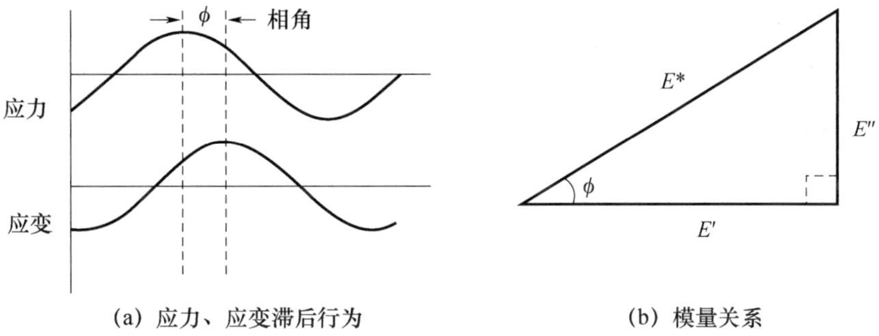

图 8-10　采用动态振荡测试获取金属内耗原理示意图

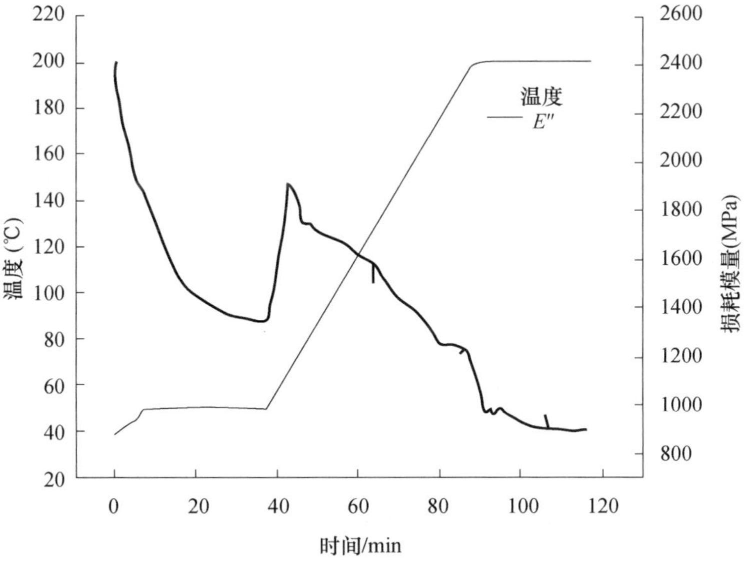

图 8-11　40Cr 钢内禀、内耗特性变化曲线

8.4.3　热机械分析影响因素

（1）程序温度与试样温度之间存在差异，因为热传导、热电偶位置等因素的影响，热机械分析仪在测量过程中的程序显示温度与试样温度会存在一定差异，需要合理安排热电偶的位置，并在分析曲线时，适当考虑温度差的影响。把程序温度和试样温度之间的差异控制在最小范围内。

（2）除了上述对温度差异的控制，还需要采用标准物质按照标准程序进行温度校止。

（3）位移测定和压力大小的校正。在测试前测定基线校正位移曲线，可以一定程度上减少位移测定的误差，对于压力大小的校正则相对复杂，采用仪器自带的压力校正程序，可以在一定范围内梯度校正压力。

实验一　以相变为基础测试的热分析实验

[实验目的]

（1）掌握差热及差示综合热分析仪的原理及结构。

（2）掌握差热及差示综合热分析仪的使用步骤。

（3）掌握以相变为例，热分析数据采集和分析方法。

[实验器材]

综合热分析仪，DTA 和 DSC 样品支架及其他相关附件，如温浴箱、计算机等。

[实验步骤与方法]

1. 样品

（1）测试样品可以为粉末状、颗粒状、片状、块状、固体、液体。测试时，为保证测量精度，要保持样品与测量坩埚底部接触良好。

（2）检查和确认测试样品成分和化学特性，避免化学反应污染测量坩埚、支架、热电偶或吹扫气体等。

（3）测试过程中，为防止反应物因反应剧烈溅出而污染仪器，除非特殊要求，一般测量坩埚应加盖处理。

2. 操作步骤

（1）开机。

一般情况下，天平主机应一直处于带电开机状态，除长期不使用外，应避免频繁开机和关机。恒温水浴及其他仪器应至少提前 1h 打开。一般情况下，恒温水浴的水温调整为至少比室温高出 2℃。

（2）气氛调整。

调整保护气体及吹扫气体输出压力及流速并待其稳定。保护气体输出压力应调整为 0.05MPa，流速不超过 30mL/min，一般设定为 15mL/min。开机后，保护气体开关应始终为打开状态。吹扫气体输出压力应调整为 0.05MPa，流速不超过 100mL/min，一般情况下为 20mL/min。

（3）测试速率选择。

以使用 TG-DSC 样品支架进行测试为例，使用 TG-DTA 样品支架的操作除注明外均相同；升温速度除特殊要求外一般为 10～30K/min。

（4）Sample 测试模式。

该模式无须基线校正功能。

（5）Correction 测试模式。

该模式主要用于基线测量，为保证测试的精确性，一般来说样品测试应使用基线。

（6）Sample &Correction 测试模式。

该模式主要用于样品的测量。

[实验记录与报告]

(1) 简述实验用综合热分析仪的原理及结构。

(2) 简述 TG-DTA 和 TG-DSC 综合热分析仪的使用步骤。

(3) 根据实验结果绘制出所测样品的 DTA 或 DSC 曲线并定出相关数据信息。

(4) 针对热分析采集数据分析，并给出关于相变等专业结论。

(5) 简述实验误差影响因素和控制手段。

[实验原理]

材料在加热或冷却过程中，会发生一些物理化学反应，同时在热效应和质量等方面产生变化，这些变化在热分析过程中可以得到有效记录，这是热分析技术的基础。

DTA 或 DSC 的测试原理和区别在本章正文有详细介绍。测试过程中的注意点：首先在确定的程序温度下，对样品坩埚和参比坩埚进行 DTA 或 DSC 空运行分析，得到两个空坩埚的 DTA 或 DSC 的分析结果——形成基线分析文件；然后在样品坩埚中加入适量的样品，再在基线文件的基础上进行样品测试，得到样品加坩埚的测试文件；最后由测试文件中扣除基线文件，即得到纯粹样品的 DTA 或 DSC 分析结果。

实验二　铋-镉合金系统相图的绘制

[实验目的]

(1) 掌握热分析测试相图原理和步骤。

(2) 通过热分析法完成绘制铋-镉合金相图。

[实验器材及原料]

(1) 仪器：差式扫描量热仪（DSC）；计算机。

(2) 试剂：铋（分析纯，熔点为 544.5K）、镉（分析纯，熔点为 594.1K）。

[实验步骤与方法]

(1) 配制试样：配制含铋质量分数分别为 20%、40%、60%、80%的 Bi-Cd 合金 150g，称纯 Bi、纯 Cd 各 150g，分别放入 6 个坩埚中，上面滴入约 1mL 的硅油。

(2) 将坩埚放入仪器样品卡具上，设置机器参数。

①目标温度（加热终止温度）应高于被加热样品的熔点温度。

②加热功率，根据不同的升温速率，设置不同的加热功率。

(3) 开始实验，绘制温度-时间曲线。

(4) 在测试结束后，停止采集。将样品的组成和从曲线上读取的相变点温度，填入相应通道的“样品组成”数据栏和“相变点温度”数据栏。

(5) 重复上述步骤，将 6 个样品都测试完并填入表格。完成整个实验的数据采集。

(6) 文件操作，对数据文件进行显示、保存、打印或转换成图像文件的操作。

（7）数据处理。

①从步冷曲线上查出各合金的转折温度，以横坐标表示质量百分数，纵坐标表示温度，绘出 Bi-Cd 二组分合金相图。

②在作出的相图上，用相律分析低共熔混合物、熔点曲线及各区域内的相数和自由度数。

[实验记录及报告]

（1）简述采用热分析技术，绘制相图曲线原理和方法。

（2）根据测试数据，绘制 Bi-Cd 合金相图。

（3）根据实验数据，分析数据误差，尤其是升温速率和冷却速率对相图的影响。

[实验原理]

热分析中的步冷曲线法是绘制相图的基本方法之一。它是利用金属及合金在加热和冷却过程中发生相变时，热量的释放或吸收及热容量的突变，得到金属或合金中相转变温度的方法。当熔融的系统均匀冷却时，如果系统不发生相变，则系统的温度随时间的变化是均匀的，冷却速率较快；若在冷却过程中发生了冷凝相变，冷却曲线上会出现转折点，曲线上出现水平线段，当熔液完全凝固后，温度才迅速下降。根据突变点绘图，就可以得到相图相变线。值得一提的是，由于相图通常指相平衡状态，因此，测试过程中，冷却速率要足够慢才能得到较好的结果。

实验三　热分析法测定固体药物的多晶型

[实验目的]

（1）熟悉热分析在有机物质研究中的应用。

（2）掌握通过热分析技术研究多晶型的方法和步骤。

[实验器材及原料]

（1）差热分析仪、坩埚。

（2）分析天平。

（3）吲哚拉新。吲哚拉新以丙酮为溶剂重结晶得到 α 晶型，以苯为溶剂重结晶得到 β 型，以乙醚为溶剂重结晶得到 γ 型，以氯仿为溶剂重结晶得到 δ 型。

[实验步骤与方法]

1. 准备工作

（1）打开仪器加热炉盖。

（2）在两只铝坩埚中，暂不放样品和参考物，分别放在样品杆上部的两只托盘上，盖上炉盖。

（3）若需要，可将一定气流的氮气通入通气管。

（4）按下 Run 键，开始运行。

2. 差动测量

（1）准备工作同前，开启电源，使整机预热约 20min。

（2）将样品称重后放入坩埚（样品重约 10mg），在另一只坩埚中放入质量相等的参考物，如 α-Al_2O_3。然后将样品坩埚放在样品支架的右侧托盘上，参考物坩埚放在左侧的托盘上。

（3）将“差动”“差热”开关置于“差动”位置。微伏放大器量程开关置于 $\pm 100\mu V$ 处（注意：无论热量补偿的量程选择在哪一挡，做差动测量时，微伏放大器的量程都应放在 $\pm 100\mu V$ 挡）。

（4）将热量补偿放大单元的量程开关放在适当的位置。本实验可放在 ± 5mcal/s（相当于 21J/s）。一般如果无法估计确切的量程，则可放在量程较大的位置，先预试一次。

（5）将温度程序控制单元的“程序方式”放在“升温”，“速度℃/min”放在 10。接通电炉电源，并按下温度程序控制单元的“工作”旋钮，让炉温按预定要求变化。

（6）开启记录仪，选择走纸速度为 5mm/min（或 300mm/h）。

（7）吸热反应时，蓝笔曲线偏离基线，向左边倾斜，放热反应时，则向右边倾斜。曲线偏离基线的距离，即为吸（放）热速度，而波峰或波谷的面积，即为样品吸（放）的热量。

［实验记录及报告］

（1）简述 DSC 在有机物质领域的应用。

（2）简述多晶型分析的步骤和方法。

（3）以测试获得的 DSC 曲线为基础，简述本实验的测试和分析结果，并阐述原理。

［实验原理］

由试样 DTA 或 DSC 曲线的熔融吸热峰和结晶放热峰可以确定各自的转变温度。不同晶型的初熔温度与峰温度不同，因此，可以通过测试熔融温度和结晶温度确定物质的晶型变化。

1. 熔融温度的测定

升温速率一般为 10℃/min，加热到比熔融终止时的温度高约 30℃，记录 DTA 或 DSC 曲线。

2. 熔融温度的确定

熔融峰温（T_{pm}）取熔融峰顶温度；外推熔融起始温度（T_{im}）是取低温侧基线向高温侧延长的直线和通过熔融峰低温侧曲线斜率最大点所引切线的交点的温度；外推熔融终止温度（T_{em}）是取高温侧基线向低温侧延长的直线和通过熔融峰高温侧的曲线斜率最大点所引切线的交点温度。对于呈现两个以上独立的熔融峰时，求出各自的 T_{pm}、T_{im} 和 T_{em}。另外，熔融缓慢发生，熔融峰低温侧的基线难以决定时，也可不求出 T_{im}。

3. 结晶温度的测定

按上述操作加热到比熔融峰终止时高约 30℃的温度，在该温度下保持 10min 后，以 5℃/min 或 10℃/min 的降温速率冷却到比结晶峰终止时温度低约 50℃的温度，记录 DTA 或 DSC 曲线。另外，当结晶缓慢持续进行，结晶峰低温侧的基线难以决定时，可结束实验。

4. 结晶温度的确定

结晶峰温（T_{pc}）取结晶峰顶温度；外推结晶起始温度（T_{ic}）取高温侧基线向低温侧延长的直线和通过结晶线高温侧曲线斜率最大点所引的切线的交点温度；外推结晶终止温度（T_{ec}）取低温侧基线向高温侧延长的直线和通过结晶峰低温侧曲线斜率最大点所引的切线的交点温度。呈现两个以上的独立结晶峰时，则求出各自峰的 T_{pc}、T_{ic} 和 T_{ec}。另外，存在两个以上重叠峰时，则求出 T_{ic}，若干个 T_{pc}、T_{ec}。再有，当结晶缓慢持续发生，结晶峰低温侧的基线难以决定时，也可不求出 T_{ec}。

本章实验习题

（1）请设计实验和观察流程，选择铁基或者其他无机材料，采用热分析技术，实现对多晶型结构的观察和确认。

（2）请设计实验和观察流程，观察和测试非晶体材料的 DSC 曲线，尝试结合 XRD 技术和透射实验，分析非晶体的晶化过程。

（3）请设计实验和观察流程，选择陶瓷材料，采用热分析技术，表征陶瓷的烧结过程，并确定合适的烧结温度。

（4）结合生活和工程实践，如火电领域，提出一个或两个热分析应用案例，并尝试设计实验和相关分析。

第 9 章　原子光谱与分子光谱分析技术

9.1　原子光谱分析技术

在正常状态下，原子处于基态，原子在受到热或电激发时，由基态跃迁到激发态，返回到基态时，发射出特征光谱。原子光谱分析技术主要是利用原子或离子在一定条件下受激而发射的特征光谱，利用这些特征光谱与标准光谱比较，来研究物质化学组成的分析方法。由于某种元素原子只能产生某些波长的谱线，根据测试获得的光谱图中是否出现某些特征谱线，可判断是否存在某种元素。进一步根据特征谱线的强度，就可测定某种元素的含量。

根据激发机理不同，原子发射光谱有三种类型：①原子发射光谱，其是指原子的核外光学电子在受热能和电能激发而发射的光谱。获得原子光谱的激发源一般是电弧、电火花和电火焰等。以化学火焰为激发光源来得到原子发射光谱的，专称为火焰光度法。②原子吸收光谱，当光源发射的某一特征波长的光通过原子蒸气时，即入射辐射的频率等于原子中的电子由基态跃迁到较高能态（一般情况下都是第一激发态）所需要的能量频率时，原子中的外层电子将选择性地吸收其同种元素所发射的特征谱线，使入射光减弱。基于此原理，根据吸收特征谱线的特征性和谱线被减弱的程度可以对待测元素进行定性、定量分析。③原子荧光光谱，气态自由原子吸收特征波长的辐射后，原子的外层电子从基态或低能态跃迁到高能态，经 8～10s，又跃迁至基态或低能态，同时发射出荧光光谱，波长一般在紫外、可见光区。原子荧光光谱分析法是利用原子荧光谱线的波长和强度进行物质的定性及定量分析方法，是介于原子发射光谱和原子吸收光谱之间的光谱分析技术。

根据上述原子光谱分析方法，相关分析技术具体包括如下三个步骤：①由光源提供能量使样品蒸发、形成气态原子，并进一步使气态原子激发而产生光辐射；②将光源发出的复合光经单色器分解成按波长顺序排列的谱线，形成光谱；③用检测器检测光谱中谱线的波长和强度。原子光谱分析技术具有灵敏度高、选择性好、分析速度快等特点。

9.1.1　原子发射光谱分析技术

1. 原理

原子的核外电子一般处在基态运动，当获取足够的能量后，就会从基态跃迁到激发态，处于激发态不稳定（寿命小于 10^{-8} s），迅速回到基态时，就要释放出多余的能量，若此能量以光的形式出现，即得到发射光谱（线光谱）。低能态 E_1→高能态 E_2跃迁时，发射的光波长为

$$I=\frac{hc}{E_2-E_1} \tag{9-1}$$

从上式可见，每一条所发射的谱线的波长，取决于跃迁前后两个能级之差。只需根据是否出现元素的特征频率或波长的谱线即可断定试样中是否存在该原子。

原子由某一激发态 i 向低能级 j 跃迁，所发射的谱线强度与激发态原子数呈正比。在热力学平衡时，单位体积的基态原子数 N_0 与激发态原子数 N_i 之间的分布遵守玻耳兹曼分布定律

$$N_i=\frac{g_i}{g_0}N_0\mathrm{e}^{-\frac{E_i}{kT}} \tag{9-2}$$

式中，g_i、g_0 分别为激发态与基态的统计权重；E_i 为激发能，即原子中某一外层电子由基态激发到高能级所需要的能量；k 为玻耳兹曼常数；T 为激发温度。原子的外层电子在两个能级间跃迁，其发射的谱线强度 I_{ij} 为：

$$I_{ij}=N_iA_{ij}h\nu_{ij} \tag{9-3}$$

式中，A_{ij} 为两个能级之间的跃迁概率；ν_{ij} 为发射谱线的频率。根据谱线强度的表达式，很容易知道影响谱线强度的因素：激发能越小，谱线强度越强；激发温度升高，谱线强度增大，但易电离。此外，谱线存在自吸和自蚀，如图 9-1 所示。自吸是指中心发射的辐射被边缘的同种基态原子吸收，使辐射强度降低的现象。自蚀是严重的自吸现象。随浓度增加，自吸越严重，当达到一定值时，谱线中心被完全吸收，如同出现两条线，这种现象称为自蚀。

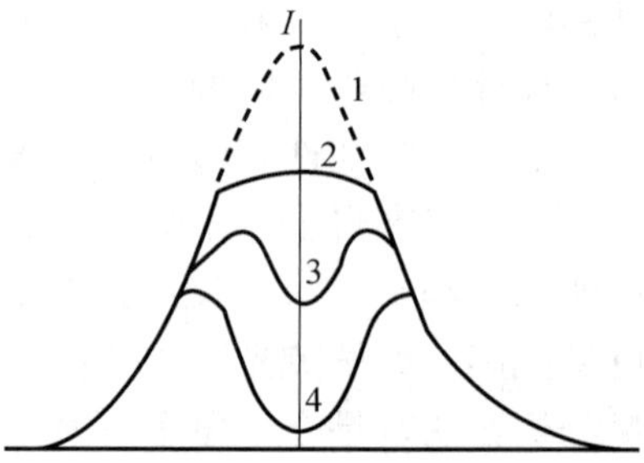

1—无吸收；2—有吸收；3—自蚀；4—严重自蚀。

图 9-1 自吸和自蚀

2. 原子发射光谱仪

原子发射光谱仪由光源、单色器、检测器和读出器这几部分组成。光源一般要求具有激发能力强、灵敏度高、稳定性好、结构简单、操作方便、使用安全等性能。

光源的主要作用是对试样的蒸发、解离和激发提供所需的能量，一方面把试样中的组分蒸发、解离为气态原子，另一方面使气态原子激发。目前常用的光源有：直流电弧、低压交流电弧、高压火花和电感耦合等离子体等。

单色器的作用是将样品中待测元素的激发态原子或离子所发射的特征光经分光后，将光源发射的不同波长的光色散成光谱或单色光。按色散器件的不同可分为棱镜色散仪和光栅色散仪。棱镜的色散作用是基于构成棱镜的光学材料对不同波长的光具有不同的

折射率。波长大的折射率小，波长小的折射率大。光栅摄谱仪应用衍射光栅作为色散元件，利用光在刻痕小反射面上的衍射和衍射光的干涉作用进行分光。

检测器的主要功能是将原子的发射光谱记录或检测下来，常用的检测方法有目视法、摄谱法和光电法三种。目视法是用眼睛来观察谱线强度的方法，又称为看谱法，这种方法仅适用于可见光波段，常用的仪器称为看谱镜。专用于钢铁及有色金属的半定量分析。摄谱法是把经过分光系统分光后得到的光照在感光板上，感光板感光、显影、定影，得到许多距离不等、黑度不同的光谱线。光电法是利用光电倍增管作光电转换元件，把代表谱线强度的光信号转化成电信号，把电信号转换为数字显示出来。光电倍增管是目前光谱仪器中应用最多、准确度较高、检测速度快、线性响应范围宽的元件。综上可知，这三种方法基本原理都相同，都是把激发试样获得的复合光通过入射狭缝照射到分光元件上，使之色散为光谱。然后通过测量谱线而检测试样中的分析元素，其区别就在于目视法用人眼去接收，摄谱法用感光板接收，光电法用光电倍增管接收。目前，广泛使用的是摄谱法。

3. 定性和定量分析

原子发射光谱分析一般包括光谱的获得和光谱的分析两大过程。光谱的获得是光谱分析的重要前提，光谱的获得过程包括如下分步：

（1）使试样在外界能量的作用下变成气态原子，并使气态原子的外层电子激发至高能态。处于激发态的原子不稳定，一般在 10s 后便跃迁到较低的能态，这时原子将释放出多余的能量而发射出特征的谱线。由于样品中含有不同的原子，就会产生不同波长的电磁辐射。

（2）把所产生的辐射用棱镜或光栅等分光元件进行色散分光，按波长顺序记录在感光板上，可得有规则的谱线条即光谱图（也可用目视法或光电法进行测量）。

（3）检定光谱中元素的特征谱线的存在与否，可对试样进行定性分析；进一步测量各特征谱线的强度可进行定量分析。

获得光谱后，光谱分析前还需要了解几个与光谱分析有关的概念。①共振线，是由激发态向基态跃迁所发射的谱线，共振线具有最小的激发电位，因此最容易被激发，为该元素最强的谱线。②灵敏线，是元素激发电位低、强度较大的谱线，多是共振线。③最后线，是指当样品中某元素的含量逐渐减少时，最后仍能观察到的几条谱线，它也是该元素的最灵敏线。④分析线，是指进行分析时所使用的谱线。由于共振线是最强的谱线，因此在没有其他谱线干扰的情况下，通常选择共振线作为分析线。

原子发射光谱定性分析就是根据光谱中是否具有某元素的特征光谱来鉴别试样中是否有某元素的存在。最常用的方法是标准光谱对比法。这里的标准光谱是以铁的光谱线波长作为标尺，各个元素的分析线按照波长位置标插在放大 20 倍的铁光谱图的相应位置上获得的。定性分析方法是首先将试样和纯铁在完全相同的情况下摄谱，将两条谱线在映谱仪上对齐，放大 20 倍，检查待测元素的分析线是否存在，并与标准谱对比确定，可以同时确定多种元素。

原子发射光谱定量分析的依据是谱线的强度与试样中该元素的含量有关。受到激发的谱线强度与含量呈正比，含量越大，发射共振线的强度也越强。因此，可以利用谱线的强度来测定元素的含量（定量分析）。

当温度一定时，谱线强度与元素浓度之间的关系符合下列经验公式

$$I = ac \tag{9-4}$$

其中 a 为常数，考虑自吸等因素，需要引入修正系数 b，此时

$$I = ac^b \tag{9-5}$$

$$\lg I = \lg a + b\lg c \tag{9-6}$$

此式被称为赛伯-罗马金公式，是光谱定量分析的基本关系式。

原子发射光谱定量分析方法主要有内标法、标准曲线法（摄谱法）和标准加入法。内标法是相对强度方法，首先需要选择分析线对：分析线和内标线，其强度表达式如下。前者是指待测元素的一条谱线，后者是指其他元素的一条谱线即内标线。

$$I = ac^b \tag{9-7}$$

$$I_0 = a_0 {c_0}^{b_0} \tag{9-8}$$

相对强度为：

$$R = \frac{I}{I_0} = \frac{ac^b}{a_0 {c_0}^{b_0}} = Ac^b \tag{9-9}$$

$$\lg R = \lg A + b\lg c \tag{9-10}$$

上式中 $\frac{a}{a_0 {c_0}^{b_0}} = A$，上面为内标法的基本关系。

摄谱法是指在相同条件下，采用标准试样和测试试样在同一个感光板上摄谱，由标准试样分析线对的黑度差 ΔS 对 $\lg c$ 作标准曲线，再由试样分析线对的黑度差，在标准曲线上求得未知的 $\lg c$，此法即为摄谱法中的标准曲线法。

在没有合适的内标物时，定量分析可以采用标准加入法，具体做法是采取若干份体积相同的试液，依次按照比例加入不同数量的待测物的标准溶液，获得不同浓度，以及不同浓度下测得相对强度。然后以浓度作横轴，强度作纵轴，绘制直线。直线延长和横轴交点即为待测溶液的浓度。

此外，原子发射光谱分析还可以实现半定量分析。其主要任务是确定试样中某元素的大致含量。半定量分析常采用摄谱法中的比较黑度法。通过对比测试样品和标准样品的黑度，通过标准样品中的待测元素含量来确定待测样品中元素的大致含量。

9.1.2 原子吸收光谱分析技术

1. 原子吸收光原理

原子吸收光谱分析的波长区域在近紫外区域，其主要的分析原理是将光源辐射出的待测元素的特征光谱，通过样品的蒸汽，此时，通过待测元素的基态原子的吸收，导致发射光谱被减弱，通过减弱的程度，进而求得样品中待测元素的含量。它符合郎伯-比尔定律

$$A = -\lg I/I_0 = -\lg T = KCL \tag{9-11}$$

式中，I 为透射光强度；I_0 为发射光强度；T 为透射比；L 为光通过原子化器光程。由于 L 是不变值，所以

$$A = KC \tag{9-12}$$

K 值是一个与元素浓度无关的常数，上式是原子吸收分析测量的理论依据。

2. 原子吸收光谱仪

原子吸收光谱仪由光源、原子化系统、分光系统、检测系统等几部分组成。光源的功能是发射被测元素的特征共振辐射。空心阴极放电灯是理想的锐线光源，应用最广。原子化系统的功能是提供能量，使试样干燥、蒸发和原子化。在原子吸收光谱分析中，试样中被测元素的原子化是整个分析过程的关键环节。原子化器主要有四种类型：火焰原子化器、石墨炉原子化器、氢化物发生原子化器及冷蒸汽发生原子化器。最常用的有两种火焰原子化法和石墨炉电热原子化法，其中火焰原子化法是原子光谱分析中最早使用的原子化方法，至今仍在广泛地被应用。

分光系统包括入射和出射狭缝、反射镜和色散元件，其作用是将所需要的共振吸收线分离出来。分光器的关键部件是色散元件，商品仪器都是使用光栅。原子吸收光谱仪对分光器的分辨率要求通常不高。光栅放置在原子化器之后，以阻止来自原子化器内的所有不需要的辐射进入检测器。检测系统主要指光电倍增管。

3. 定性和定量分析

定量分析方法主要有标准曲线法和标准加入法。标准曲线法的步骤是配制一系列浓度不同的标准溶液，在相同测定条件下，测定标准系列溶液和待测试样溶液的吸光度，绘制吸光度-浓度标准曲线，由待测溶液的吸光度值在标准曲线上得到其含量。

当试样组成复杂，待测元素含量很低时，应采用标准加入法进行定量分析。取若干份体积相同的试液（c_X），依次按比例加入不同量的待测物的标准溶液（c_O），浓度依次为：c_X，c_X+c_O，c_X+2c_O，c_X+3c_O，c_X+4c_O，…，分别测得吸光度为：A_X，A_1，A_2，A_3，A_4，…，以 A 对浓度 c 作图得一直线，然后通过前面述及的直线外推法获得图中 c_X 点即待测溶液浓度。

定量分析方法还可以采用内标法。在标准试样和被测试样中，分别加入内标元素，测定分析线和内标线的吸光度比，并以吸光度比与被测元素含量或浓度绘制工作曲线。

9.1.3　原子荧光光谱分析技术

1. 原子荧光原理

原子荧光可分为三类：共振原子荧光、非共振原子荧光与敏化原子荧光。原子吸收辐射受激后再发射相同波长的辐射，产生共振原子荧光。只有当基态是单一态，不存在中间能级，没有其他类型的荧光同时从同一激发态产生，才能产生共振原子荧光。当激发原子的辐射波长与受激原子发射的荧光波长不相同时，产生非共振原子荧光。非共振原子荧光包括直跃线荧光、阶跃线荧光与反斯托克斯荧光。直跃线荧光是激发态原子直接跃迁到高于基态的亚稳态时所发射的荧光，只有基态是多重态时，才能产生直跃线荧光。阶跃线荧光是激发态原子先以非辐射形式去活化方式回到较低的激发态，再以辐射形式去活化回到基态而发射的荧光；或者是原子受辐射激发到中间能态，再经热激发到高能态，然后通过辐射方式去活化回到低能态而发射的荧光。前一种阶跃线荧光称为正常阶跃线荧光，后一种阶跃线荧光称为热助阶跃线荧光。反斯托克斯荧光发射的荧光波长比激发光辐射的波长短。激发原子通过碰撞将其激发能转移给另一个原子使其激发，后者再以辐射方式去活化而发射荧光，此种荧光称为敏化原子荧光。火焰原子化器中的原子浓度很低，主要以非辐射方式去活化，因此观察不到敏化原子荧光。

此外，处于激发态的原子也可能在原子化器中与其他分子、原子或电子发生非弹性碰撞而丧失其能量。在这种情况下，荧光将减弱或完全不产生，这种现象称为荧光的猝灭。荧光猝灭可以通过与自由原子碰撞及其不同激发态、与分子碰撞及其不同的激发态、化学猝灭反应等几种途径发生。

原子荧光强度 I_f 与试样浓度 C 以及激发态光源的辐射强度 I_0 存在以下函数关系

$$I_f = \phi I \tag{9-13}$$

根据朗伯-比尔定律

$$I_f = \phi I_0 (I \cdot e^{-KLN}) \tag{9-14}$$

式中，ϕ 为原子荧光量子效率；I 为被吸收的光强；I_0 为光源辐射强度；K 为峰值吸收系数；L 为吸收光程；N 为单位长度内基态原子数。按照泰勒级数展开，当 N 很小时，上式可以变成

$$I_f = \phi I_0 KLN \tag{9-15}$$

当所有条件固定时，原子的荧光强度和能吸收辐射线的原子密度呈正比。当原子化效率固定时，在试样浓度较低时，I_f 与试样浓度 C 呈正比

$$I_f = \alpha C \tag{9-16}$$

2. 原子荧光光谱仪

原子荧光结构和原子吸收结构类似，也可以分成四部分：激发光源、原子化器、光学系统和检测器。激发光源可以采用连续光源或锐线光源。连续光源是氙弧灯，锐线光源包括高强度空心阴极灯、无极放电灯、激光等。连续光源稳定、操作简便、寿命长，所以能用于多元素同时分析，但存在检出限较差等缺陷；锐线光源的辐射强度高、稳定，可以具有更好的检出限。

原子荧光分析仪对原子化器的要求与原子吸收光谱仪基本相同。但所用的火焰与原子吸收光谱仪的不同，必须采用 Ar 稀释的火焰，主要是为了避免严重荧光猝灭。如果采用氢化物发生法，可直接使用 Ar 气氛下的石英加热方法进行原子化。

光学系统的作用是充分利用激发光源的能量和接收有用的荧光信号，减少和除去杂散光。光学系统中色散系统对分辨能力要求不高，但要求有较大的集光本领，常用的色散元件是光栅。非色散型仪器的滤光器用来分离分析线和邻近谱线，降低背景。

原子荧光光谱仪常用的检测器是光电倍增管，主要用于光信号的检测。在多元素原子荧光分析仪中，检测器也可以用光导摄像管、析像管来代替光电倍增管。检测器与激发光束呈直角配置，以避免激发光源对检测原子荧光信号的影响。

原子荧光法的灵敏度较原子吸收法高，但没有原子吸收法应用广泛，目前主要用于 Cd、Zn、Hg、As、Sb、Sn、Pb、Ga、In、Tl 等元素分析。

3. 定性和定量分析方法

原子荧光的定量分析方法和原子吸收基本一样，也是根据朗伯-比尔定律，即浓度和吸光数值呈正比，测试方法主要是标准曲线法。如前所述，配置一组适当的已知浓度的标准溶液，一般要求 5 个以上，由低浓度向高浓度依此测定其吸光度，作吸光度-浓度曲线，即标准曲线。在同样条件下，测定未知样品的吸光度，从标准曲线上找出待测元素的浓度或者含量即可。

9.2　等离子体原子光谱

9.2.1　等离子体原子光谱的原理

电感耦合等离子体（ICP）是通过电感耦合的方式使气体电离形成的，其属于高温等离子体的一种。高频电流通过 ICP 装置中线圈产生轴向磁场，此时用高频点火装置产生火花，形成的载流子（离子与电子）在电磁场作用下与原子碰撞，使之电离，从而形成更多的载流子，当载流子多到使气体（如氩气）有足够的导电率时，在垂直于磁场方向的截面上就会感生出圆形路径的涡流，强大的电流产生高热又将气体加热，瞬间使气体形成高达 10000K 的稳定的等离子焰炬。

为了形成稳定的 ICP 焰炬，必须有三个条件，即高频电磁场、工作气体和能维持气体稳定放电的石英炬管。ICP 的主体是石英炬管，是由绕有感应线圈的三层石英管制成的同心结构，此感应线圈与高频发生器相连，高频发生器（频率为 4～50MHz，功率为 1～10kW）通过感应线圈把能量耦合给等离子体。ICP 仪器通常会采用三股惰性气体流（一般采用氩气）分别进入炬管。其中最外层气流称为等离子气流，能够把等离子体焰炬和石英管隔离，避免烧坏石英炬管，最外层气流的冷却作用使等离子体的扩大受到抑制而被限制在外管内，从切向进入的气流产生的涡流使等离子焰炬保持稳定；在点燃等离子体时，向中间管通入第二股气流称为辅助气流，在形成等离子焰炬后可以关掉，在点燃时辅助气流有保护中心管口的作用；向内管通入的气流主要作用是在等离子中打通一条通道，并将试样气溶胶载带进入等离子体，称为载气。气体在常温下是很好的绝缘体，所以高频能量不会在气体中产生感应电流，因而也就不会形成 ICP 炬。欲使气体变成导体，就必须让部分气体电离，通常有热致电离和场致电离两种方法。

ICP 的工作原理：在 ICP 中通过高频感应加热通过石英管的气体。当高频电流流过线圈时，就产生一个轴向高频磁场，再采用高频探漏器“点燃”使部分气体或原子电离，如上所述，电离所产生的载流子（电子和离子）在磁场作用下与其他气体或原子碰撞，使其电离从而产生更多的载流子，载流子使气体具有了足够的电导率，从而产生一个闭合圆形路径的涡电流并将气体加热到 10000K 以上的高温形成稳定等离子体。气流从切线方向送入最外层石英管内，使等离子体离开外层管内壁，既保护了石英管，又参与放电过程，中层管内的气流用于维持等离子体稳定，由中央注入管将载气注入等离子体内。由于高频趋肤效应，等离子体内的电流密度在外围圆周上最大，在轴线上最小。固定频率，载气流速超过一定值时，它就沿轴线穿透等离子体，产生一条暗的、温度较低的中央通道。试样由载气带入通道，被环状高温等离子体加热至6000～7000℃，而被原子化、被激发。根据激发的谱线，进行后续分析。

9.2.2 电感耦合等离子体仪器装置及操作步骤

现代电感耦合等离子体分析仪器的典型结构如图9-2所示。

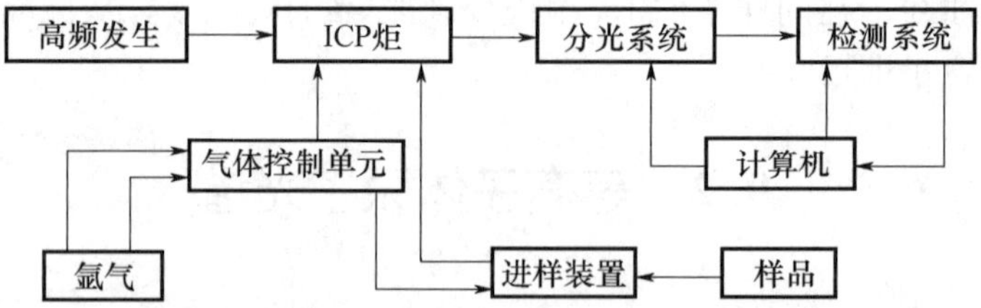

图9-2 电感耦合等离子体分析仪器结构示意图

电感耦合等离子体一般分析步骤包括：

(1) 编制分析程序。首先，计算机上编制与该类样品相适应的分析控制表，表内需包含所分析的元素、波长、左右背景扣除、预燃时间、曝光时间、低标和高标浓度值及干扰参数等。其次，在样品分析前还应做好干扰元素的干扰实验，得到干扰系数并进行多次验证后输入计算机应用程序。

(2) 光学系统调整。每次进行分析前，都要进行波长校正，目的是使分析线的峰值更准确地正对出射狭缝。校正方法参考具体仪器的使用说明书。

(3) 分析条件选择（最佳比)。在进行分析前，对输入功率、载气压力及流量、观察高度、溶液提升率、曝光和清洗时间等参数进行调节，并用Cd（1mg/L）溶液和空白溶液进行仪器信噪比（分析线强度与背景强度之比）实验，确定仪器最佳工作条件。

(4) 标准化。在仪器的最佳工作条件下，点燃等离子体，待等离子体焰炬稳定后(20～30min)，将系列标准溶液引入焰炬，对仪器进行标准化，使仪器示值与标准溶液的示值相符。

(5) 样品分析。将样品溶液引入焰炬中进行激发，曝光后清洗时间应大于30s，测定结果由计算机处理，对结果进行显示或打印。

9.2.3 ICP的优缺点及应用领域

1. 优点

因为分析时采用了雾化试样，所以可以分析酸性、碱性、水相或有机相等多种状态的试样；灵敏度高、精度好；因为测试时试样被高温原子化，所以化学干扰少，无须添加防干扰剂；线性范围广，可达5～6个数量级，适合快速分析；稳定性高；可多元素同时分析。

2. 缺点

因为溶液试样的密度、黏度和表面张力等物理性能的不同，使得载带的雾量不同，雾的粒径也不一样，从而使灵敏度下降；光学干扰大，即背景噪声大，导致分光器不能分离的近邻线多；有离子化干扰。

3. 应用

ICP等离子体发射光谱在冶金、地质、生化、农业、环保及石化等多个领域得到广泛应用。

9.3　分子光谱分析技术

分子光谱法是由分子中电子能级、振动和转动能级的变化产生的，表现为带光谱。属于这类分析方法的有紫外可见分光光度法、红外光谱法、分子荧光光谱法和分子磷光光谱法、核磁共振与顺磁共振波谱等。本节主要介绍红外、紫外光谱技术。

9.3.1　红外光谱分析

1. 红外光谱分析原理

分子的振动能量比转动能量大，当发生振动能级跃迁时，不可避免地伴随有转动能级的跃迁。所以，无法测量纯粹的振动光谱，而只能得到分子的振动-转动光谱，这种光谱称为红外吸收光谱。因此，红外吸收光谱的形成与分子振动及其形式有关。

分子振动是指分子中各原子在平衡位置附近做相对运动。分子振动主要有伸缩振动和弯曲振动，伸缩振动是指化学键两端的原子沿键轴方向进行周期性变化的运动，伸缩振动又分为对称伸缩振动和反对称伸缩振动，如亚甲基的对称伸缩振动是亚甲基上的两个碳氢键同时伸长或缩短，亚甲基的不对称伸缩振动是亚甲基上的两个碳氢键同时交替伸长或缩短。一般双原子分子只有一种振动形式即伸缩振动。而多原子分子的振动复杂，多原子分子的振动是由许多简单的、独立的振动组合而成的。但基本上包括两类振动形式，即伸缩振动和弯曲振动。弯曲振动又分为面内弯曲振动和面外弯曲振动。面内弯曲振动是指在几个原子构成的平面内进行的弯曲振动，可以分为剪式振动和面内摇摆振动。前者是指振动过程中键角发生规律性的变化，后者是指在几个原子构成的平面内，基团作为一个整体进行摇摆。例如，亚甲基的剪式振动表现为两个碳氢键间夹角的规律性变化；而面内摇摆振动则表现为两个碳氢键的同方向同角度的摆动。面外弯曲振动是指在垂直于几个原子构成的平面方向上进行的弯曲振动，通常又可以分为面外摇摆振动和蜷曲振动。前者是分子或基团的端基原子同时在垂直于几个原子构成的平面内同方向振动，后者是分子或基团的端基原子同时在垂直于几个原子构成的平面内反方向振动，如亚甲基的两个氢原子同时做同向垂直于平面方向上的运动为面外摇摆振动，而亚甲基两个氢原子同时做反向垂直于平面方向上的运动为蜷曲振动。此外，多个化学键端的原子还可以相对于分子的其余部分发生弯曲振动，称为变形振动。变形振动中，如果分子中三个化学键与分子轴线构成的夹角θ同时变小或变大，形似花瓣地开与闭，这类振动称为对称变形振动；如果分子中三个化学键与分子轴线构成的夹角θ交替变小与变大，这类振动称为不对称变形振动。例如，甲基的三个碳氢键同时向轴线做同角度的变化，为对称变形振动；甲基的三个碳氢键同时交替向轴线做同角度的变化，为非对称变形振动。

当分子中各原子以同一频率、同一相位在平衡位置附近做简谐振动时，这种振动方式称简正振动，如伸缩振动和变角振动。每个简正振动具有一定的能量，故应在特有的波数位置产生吸收。多原子分子的振动通常是由许多简单的、独立的简正振动组合而成的，如由 n 个原子组成的多原子分子存在有 $3n$-6 个简正振动，而线型分子则为 $3n$-5 个简正振动。

红外吸收光谱和分子的简正振动有关，但是，红外吸收光谱的形成过程中，分子振动必须满足两个条件：①分子振动时，能量传递依赖偶极矩来完成，所以，要产生红外，就必须伴随有瞬时偶极矩的变化。没有偶极矩，辐射不能引起共振，不会产生红外活性。②只有当照射分子的红外辐射的频率与分子某种振动方式的频率相同时，分子吸收能量后从基态振动能级跃迁到较高能量的振动能级，从而在图谱上出现相应的吸收带。因此，当物质受到外来能量激发，物质内部分子振动和转动能量发生改变，如果外来能量能同时引起分子偶极矩改变的振动，就可以发射红外光谱，也可以因红外辐射激发分子而振动产生红外吸收光谱。

基于上述理论，如果将一束频率连续变化的红外射线照射到物质的分子上，某些特定波长的红外射线被吸收，产生分子的振动和转动能级发生从基态到激发态的跃迁，使相应于这些吸收区域的透射光强度减弱，记录红外光的百分透射比与波数或波长关系曲线，就得到红外光谱。由于每种分子都有由其组成和结构决定的独有的红外吸收光谱，据此可以对分子进行结构分析和鉴定，此即红外光谱分析技术。

2. 色散型红外光谱仪结构

红外光谱仪主要有两类：色散型红外光谱仪和傅里叶变换红外光谱仪。色散型红外光谱仪工作原理如图 9-3 所示。图中通过反射镜将光源发射的红外光分成两束，一束通过试样池，另一束通过参比池。然后，利用斩光器使试样光束和参比光束交替通过单色器，最后分别被检测器检测。如果试样光束与参比光束强度相等，检测器不产生交流信号；如果试样对红外光源有吸收，则试样光束与参比光束的强度不等，此时，检测器产生与光强差呈正比的交流信号，通过机械装置推动锥齿形的光楔，使参比光束减弱，直至与试样光束强度相等，此时，与光楔连动的记录笔就在图纸上记下了吸收峰。此即色散型红外光谱仪工作流程，配合上述工作流程的关键部件，包括光源、试样池、单色器、检测器、数据记录和分析系统等。

红外光谱仪中所用的光源通常是一种惰性固体，用电加热使之发射高强度的连续红外辐射。常用的光源为能斯特灯或硅碳棒。能斯特灯是用氧化锆、氧化钇和氧化钍烧结而成的中空棒或实心棒，工作温度约 1700℃，在此高温下导电并发射红外线。但在室温下是非导体，因此在工作之前要预热。硅碳棒是由碳化硅烧结而成，工作温度在 1200～1500℃，由于它在低波数区域发光较强，因此使用波数范围宽，可以低至 $200cm^{-1}$。

试样池要用可透红外光的材料制成窗片，典型的如 NaCl、KBr、CsI 等，采用 NaCl、KBr、CsI 等材料制成的窗片要注意防潮。其他材料，如 KRS-5 窗片虽然不吸潮，但是透光较差。

单色器由色散元件、准直镜和狭缝构成。闪耀光栅是最常用的色散元件，它的分辨

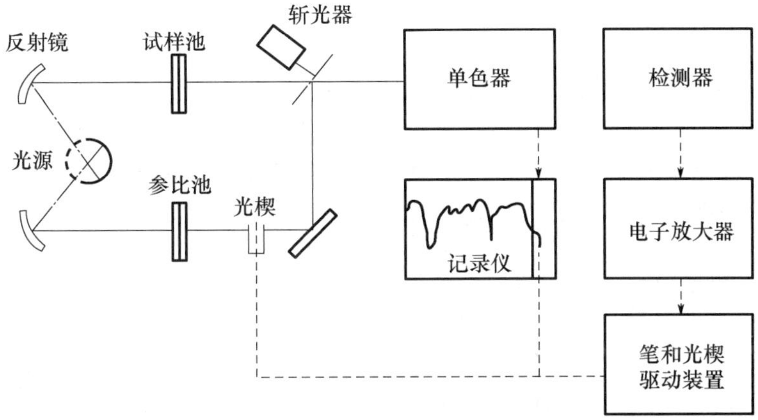

图 9-3　色散型红外光谱仪原理图

本领高，易于维护。红外光谱仪常用几块常数不同的光栅自动更换，使测定的波谱范围更为扩展且能得到更高的分辨率。狭缝的宽度可控制单色光的纯度和强度。由于光源发出的红外光在整个波数范围不是恒定的，在扫描过程中狭缝将随光源的发射特性曲线自动调节狭缝宽度，这样既可达到检测器上的光强度近似恒定，又能达到尽可能高的分辨能力。

常用的红外检测器是高真空热电偶、热释电检测器和碲镉汞检测器。高真空热电偶检测器是将热电偶封于真空度约 7×10^{-7}Pa 的腔体内，同时腔体内放置一小片金箔，金箔一面涂黑，另一面焊有两种不同的金属、合金或半导体材料作为热接点，而在冷接点端连有金属导线。在腔体上对着漆黑的金箔开一小窗，窗口用红外透光材料制成。当红外辐射通过此窗口射到涂黑的金箔上时，热接点温度上升，产生温差电位差，在回路中有电流通过，而电流的大小随照射的红外光的强弱而变化。

热释电检测器的原理是依赖铁电体的极化特点，铁电体在居里温度左右会产生很大的极化效应，而且其极化强度与温度有关。依据此原理，热释电检测器采用居里点为 49℃的铁电体硫酸三苷肽（简称 TGS）单晶薄片作为检测元件。将单晶体薄片施以电极，正面真空镀铬（半透明），背面镀金，那么当红外辐射光照到薄片上时，引起温度升高，铁电体发生极化，极化度的改变会导致表面电荷减小，相当于“释放”了部分电荷，经放大转变成电压或电流的方式进行测量。其特点是响应速度快，噪声影响小，能实现高速扫描，故被用于傅里叶变换红外光谱仪中。

碲镉汞检测器分为两类：一类是光导型，即利用入射光子与检测器材料中的电子能态起作用，产生载流子进行检测；另一类是光伏型，即利用不均匀半导体受光照射，产生电位差的光伏效应进行检测。碲镉汞检测器由宽频带的半导体碲化镉和半金属化合物碲化汞混合成的，其组成为 $Hg_{(1-x)}Cd_xTe$，$x=0.2$，改变 x 值能改变混合物组成，获得测量波段不同、灵敏度各异的各种 MCT 检测器。碲镉汞检测器需在液氮温度下工作，其灵敏度高于热释电检测器约 10 倍。

红外光谱仪一般都有记录仪自动记录谱图。新型的仪器还配有微处理机，以控制仪器的操作，谱图中各种参数计算、谱图的检索等，都由计算机来完成。

3. 傅里叶变换红外光谱仪

傅里叶变换红外光谱仪最大的特点是没有色散元件，仪器主要由光源（硅碳棒、高压汞灯）、迈克尔逊干涉仪、检测器、计算机和记录仪等组成，如图 9-4 所示。该设备的核心部分是迈克尔逊干涉仪，它将光源来的信号以干涉图的形式送往计算机进行傅里叶变换的数学处理，将干涉图还原成光谱图。

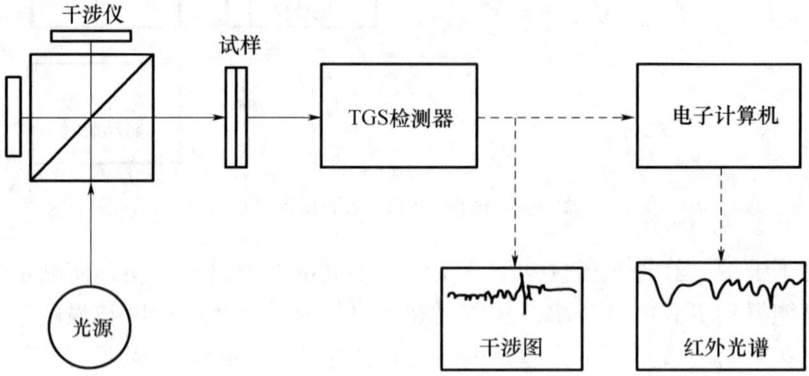

图 9-4　傅里叶变换红外光谱仪原理图

图 9-5 为迈克尔逊干涉仪原理图，图中 M_1 和 M_2 为两块互相垂直的平面镜，M_1 固定不动，M_2 可沿图示方向做微小的移动。在 M_1 和 M_2 之间放置一呈 45°角的半透膜光束分裂器 BS，它能将光源 S 来的光分为相等的两部分，光束Ⅰ和光束Ⅱ。光束Ⅰ穿过 BS 被动镜 M_2 反射，沿原路回到 BS，并被反射到检测器 D；光束Ⅱ则反射到固定镜 M_1，再由 M_1 沿原路反射回来通过 BS 到达检测器 D。这样，在检测器 D 上所得到的是Ⅰ和Ⅱ的相干光。

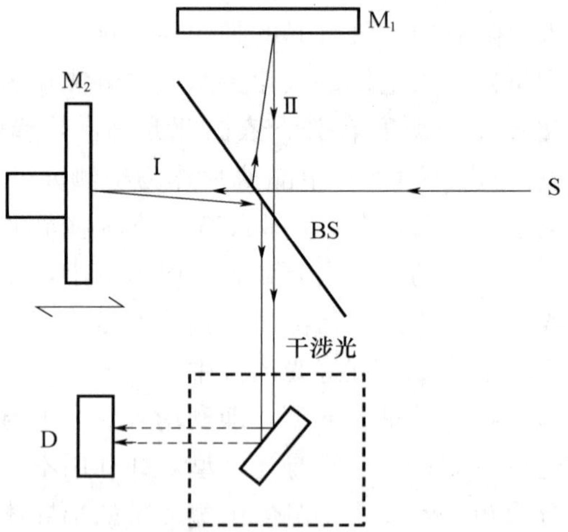

M_1—固定镜；M_2—动镜；S—光源；D—检测器；BS—光束分裂器。

图 9-5　迈克尔逊干涉仪原理图

如果进入干涉仪的是波长为 λ 的单色光，开始时，M_1 和 M_2 与 BS 的距离相等，光束Ⅰ和光束Ⅱ到达检测器时的相位相同，发生相长干涉，亮度最大。动镜 M_2 移动距离

为入射光的 $\lambda/4$ 时，光束Ⅰ的光程变化了 $\lambda/2$ 而光束Ⅱ的光程没有变化，所以在检测器上两束光的相位相反，发生相消干涉，亮度最小。即当动镜移动 $\lambda/4$ 的奇数倍时，会发生相消干涉；当 M_2 移动 $\lambda/4$ 的偶数倍时，都会发生相长干涉。其他距离下，只有部分光线发生了部分干涉，亮度介于相长干涉和相消干涉之间。因此，匀速移动 M_2，即连续改变两束光的光程差，在检测器上记录的信号呈余弦变化，每移动 $\lambda/4$ 的距离，则信号从明到暗周期性地改变一次。当入射光为波长连续变化的多色光时，得到的干涉图是所有单色光干涉图的叠加；当多色光通过试样时，由于试样对不同波长光的选择吸收，干涉图曲线发生变化，形成复杂的干涉图，对这种复杂的干涉图进行计算机处理，即通过计算机进行快速傅里叶变换，就得到透射比随波数变化的普通红外光谱图。

4. 实验步骤

（1）制样。

红外光谱的试样可以是气体、液体或固体，试样制备应满足以下要求：①单一组分，纯度应大于 98%，多组分试样需要在测试前进行分离提纯；②试样中不能含游离水；③试样的浓度和样品厚度应适当，应使光谱图中大部分吸收峰的透射比处于10%～80%的范围内。

气态试样可以在两端粘有红外透光的 NaCl 或 KBr 窗片的玻璃气槽内进行测定。液体的测试方法有液体池法和液膜法。前者测试时，将液体注入封闭液体池中，液层厚度一般 0.01～1mm。后者测试时，将样品直接滴在两块盐片之间，形成液膜。对于沸点较低、挥发性较大的样品，可用液体池法。对于沸点较高的样品可采用液膜法。对于一些吸收很强的液体，当用液体池法仍不能得到满意的谱图时，可用适当的溶剂配成稀溶液来测定。要求所选溶剂在光谱区内本身没有强烈吸收、不侵蚀盐窗、对试样没有强烈的溶剂化效应等。

固体试样测试时，常用的方法有压片法、石蜡糊法和薄膜法。压片法是将 1～2mg 试样与 200mg 纯 KBr 干燥处理后研细混匀，研磨到粒度小于 2μm，置于模具中，用（5～10）$\times 10^7$Pa 压力压成透明薄片，即可用于测定。石蜡糊法是将干燥处理的试样研细，与液体石蜡或全氟代烃混合，调成糊状，夹在盐片中测定。薄膜法主要用于高分子化合物的测定。可将它们直接加热熔融后涂制或压制成膜；也可将试样溶解在低沸点的易挥发溶剂中，涂在盐片上，待溶剂挥发后成膜测定。当样品量特别少或样品面积特别小时，必须采用光束聚光器，并配有微量液体池、微量固体池和微量气体池，采用全反射系统或用带有卤化碱透镜的反射系统进行测量。

（2）分析方法。

红外光谱法不仅能进行定性和定量分析，而且从分子的特征吸收可以鉴定化合物和分子结构。

① 定性分析。

a. 已知物结构的鉴定：将试样的谱图与标准的谱图进行对照，或者与文献上的标准谱图进行对照。如果两张谱图各吸收峰的位置和形状完全相同，峰的相对强度相似，就可认为样品是该种标准物；如果两张谱图不一样，或峰位不对，则说明两者不为同一物质，或样品中有杂质，如用计算机谱图检索，则采用相似度来判别。

b. 未知物结构的测定：如果未知物不是新化合物，需要利用标准谱图来测定未知物的结构，查对标准谱图通常有两种方式：一种是查阅标准谱图的谱带索引，寻找与试样光谱吸收带相同的标准谱图；另一种是进行光谱解析，判断试样的可能结构，再由化学分类索引查找标准谱图对照核实。

在对光谱图进行解析之前，应尽可能多地收集与样品有关的资料和数据，包括样品来源、可能的化合物种类、试样的物理常数（熔点、沸点、溶解度、折光率等）作为定性分析的支撑依据；根据元素分析及相对摩尔质量的测定，得到化学式并采用式（9-17)计算化合物的不饱和度：

$$\Omega = 1 + n_4 + (n_3 - n_1)/2 \tag{9-17}$$

式中，n_1、n_3、n_4 分别为分子中所含的一价、三价和四价元素原子的数目。当计算得 $\Omega=0$ 时，表示分子是饱和的链状烃或者是其不含双键的衍生物；$\Omega=1$ 时，可能有一个双键或脂环；$\Omega=2$ 时，可能有两个双键或脂环，也可能有一个三键；$\Omega=4$ 时，可能有一个苯环。注意：二价原子如 S、O 等是不参加计算的。

解析谱图一般从最强谱带开始，即先解析基团频率区的最强谱带，推测未知物可能含有的基团和不可能含有的基团。然后，利用指纹区的谱带进行验证，找出可能含有的基团对应的峰，用一组相关峰来确认一个基团的存在，相关峰越多，确定性越强。如果化合物比较简单，在确认几个基团后，就能初步确定分子结构，然后与标准谱图对比得到最终结构。

② 定量分析。

红外光谱吸收峰的强度与物质组分的量有关，所以可以利用红外光谱进行定量分析，其理论基础是 Lambert-Beer 定律。红外光谱定量时常用基线法测定吸光度，如图 9-6 所示。假定背景的吸收在试样吸收峰两侧不变（即透射比呈线性变化)，可用画出的基线来表示该吸收峰不存在时的背景吸收线，图中 I 与 I_0 之比为透射比（T)。一般用准曲线法或者与标准比较来定量。测量时由于试样池的窗片对辐射的反射和吸收，以及试样本身的散射会引起辐射损失，为了测量的准确性，必须对这种损失进行补偿与校正。此外，试样处理方法和制备的均匀性都必须严格控制，以确保试样的一致性。

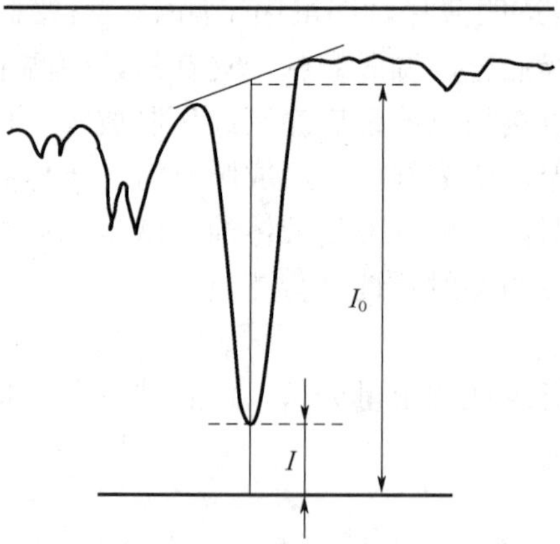

图 9-6　基线的画法

9.3.2　紫外可见光吸收光谱技术

1. 紫外可见光吸收原理

利用物质的分子或离子对紫外和可见光的吸收，根据所产生的紫外可见光谱及对紫外和可见光的吸收程度，可以对物质的组成、含量和结构进行分析、测定、推断，此即紫外吸收光谱分析技术。

在紫外光谱中，波长单位用纳米（nm）表示。紫外光的波长范围是 10～380nm，可以分为两个区段：10～200nm 和 200～380nm 波段，前者波段是远紫外区，该区域的吸收光谱称真空紫外；后者波段被称为近紫外区，一般的紫外光谱是指这一区域的吸收光谱。波长在 400～750nm 范围的称为可见光谱。常用的分光光度计一般包括紫外及可见两部分，波长在 200～800nm（或 200～1000nm）。

外来能量变化时，分子内部涉及的运动有转动、振动和电子运动，相应状态的能量是量子化的，因此分子具有转动能级、振动能级和电子能级。通常，分子处于低能量的基态，从外界吸收能量后，就能引起分子能级的跃迁。三种能级跃迁中，电子能级的跃迁所需能量最大，为 1～20eV（电子伏特）。按照前面述及的应用，下述公式可以计算出电子跃迁时吸收光的波长。

$$\Delta E = h\nu = h \times c/\lambda \tag{9-18}$$

式中，h 为普朗克常量；c 为光速；ΔE 为相邻能级间的能量差；ν 为电磁辐射的频率；λ 为波长。许多有机分子中的价电子跃迁，须吸收波长在 200～1000nm 范围内的光，恰好落在紫外-可见光区域。因此，紫外吸收光谱是由于分子中价电子的跃迁而产生的，也可以称它为电子光谱。

在有机化合物分子中有形成单键的 σ 电子、有形成双键的 π 电子、有未成键的孤对 n 电子。当分子吸收一定能量的辐射能时，这些电子就会跃迁到较高的能级，在紫外吸收光谱中，电子的跃迁有 $\sigma \rightarrow \sigma^*$、$n \rightarrow \sigma^*$、$\pi \rightarrow \pi^*$ 和 $n \rightarrow \pi^*$ 四种类型，这四类电子跃迁所需要的能量依下列次序减小：$\sigma \rightarrow \sigma^* > n \rightarrow \sigma^* > \pi \rightarrow \pi^* > n \rightarrow \pi^*$。由于一般紫外可见分光光度计只能提供 190～850nm 范围的单色光，因此，只能测量 $n \rightarrow \sigma^*$ 跃迁、$n \rightarrow \pi^*$ 跃迁和部分 $\pi \rightarrow \pi^*$ 跃迁的吸收，而对只能产生 200nm 以下吸收的 $\sigma \rightarrow \sigma^*$ 的跃迁则无法测量。

与可见光吸收光谱一样，在紫外吸收光谱分析中，在选定的波长下，吸光度与物质浓度的关系，也可用光的吸收定律即朗伯-比尔定律来描述：

$$A = \lg(I_0/I) = \varepsilon bc \tag{9-19}$$

式中，A 为溶液吸光度；I_0 为入射光强度；I 为透射光强度；ε 为该溶液摩尔吸光系数；b 为溶液厚度；c 为溶液浓度。上述公式中涉及溶液的相关浓度等指标，主要原因是紫外光谱的测定大多是在溶液中进行的。

2. 紫外可见光吸收光谱

采用连续电磁辐射照射样品分子，将照射前后的光强度变化转变为电信号并记录下来，就可以得到光强度变化对波长的关系曲线，即紫外光-可见光光谱。紫外光-可见光光谱从形式上看，是一条具有若干个连续峰位的曲线，如图 9-7 所示。如果以其中一个峰位为例，紫外光谱图可以提供两个信息：吸收峰的位置和吸收光谱的吸收强度。谱图横坐标是波长，单位 nm，它指示了吸收峰的位置；纵坐标为吸光强度，指示了该吸收峰的吸收强度，可以通过式（9-19）计算。吸收曲线可以提供物质的结构信息，并作为物质定性分析的依据；不同浓度的同一种物质，在某一个波长下吸光度有差别，在波长强度最大对应的波长处吸光度的差异最大，此特性可以作为定量分析的依据。

诸多因素可以对吸收谱带中峰位置和强度产生影响，比较典型的表现为谱带位移、谱带强度的变化、谱带精细结构的出现或消失等。谱带位移包括蓝移（或紫移）和红移。蓝移（或紫移）指吸收峰向短波长移动，红移指吸收峰向长波长移动。吸收峰强度变化包括增色效应和减色效应。前者指吸收强度增加，后者指吸收强度减小。

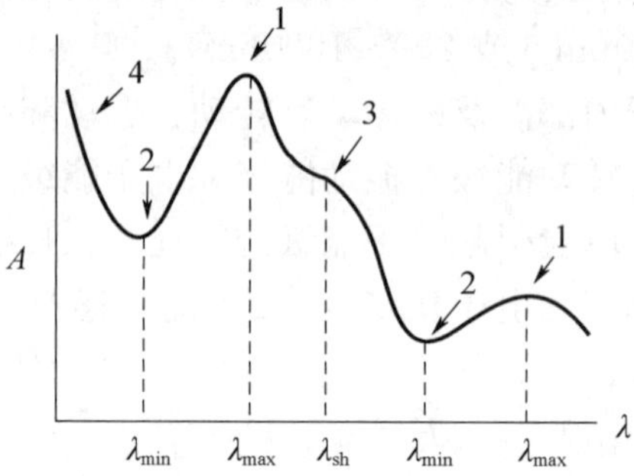

1—吸收峰；2—谷；3—肩峰；4—末端吸收。

图 9-7　紫外光-可见光光谱示意图

3. 仪器

紫外吸收光谱分析技术的仪器称为紫外可见分光光度计，是由光源、单色器、吸收池、检测器和信号显示系统五大部分组成的。光源是提供符合要求的入射光的装置，有热辐射光源和气体放电光源两类。热辐射光源波长范围是 350～1000nm，用于可见光区，一般为钨灯和卤钨灯；气体放电光源连续波长范围是 180～360nm，用于紫外光区，一般为氢灯和氘灯。单色器是分光光度计的核心部分，主要功能是将光源产生的复合光分解为单色光和分出所需的单色光束。吸收池的主要用途是用于盛放进行吸光度测量过程中的试液。根据材质可分为玻璃池和石英池两种，前者用于可见光光区测定，后者用于紫外光区。检测器是光电转换器件，可以实现将光信号转变为可以检测的电信号。信号显示系统是可以将检测器输出的信号放大，并显示出来的装置。

4. 定性、定量分析方法

定性分析的光谱依据主要是吸收光谱的形状、吸收峰的数目和位置及相应的摩尔吸光系数。最大吸收波长 λ_{max} 及相应的吸光系数 ε_{max} 是定性分析的最主要参数，两者都相同的情况下，可以鉴别为同一物质。

紫外可见光吸收光谱定性分析主要方法是标准物质比较法和标准谱图比较法两种。利用标准物质比较，在相同的测量条件下，测定和比较未知物与已知标准物的吸收光谱曲线，如果两者的光谱完全一致，则可以初步认为它们是同一类化合物；在没有标准物质或标准物质难以得到的情况下，可以采用标准谱图或光谱数据比较。通过定性分析，可以实现特征基团的判别、共轭体系的判断以及异构体的判断等结构分析。

有机物的基团，如羰基、苯环、硝基、共轭体系等，辨别主要依据是这些基团都有其特征的紫外或可见光吸收带。共轭体系的判断是基于共轭体系会产生很强的 K 吸收带，通过绘制吸收光谱，可以判断化合物是否存在共轭体系或共轭的程度。异构体的判断包括顺、反异构及互变异构两种情况的判断。对于顺、反异构体来讲，生色团和助色团处于同一平面时，会产生最大的共轭效应。由于反式异构体的空间位阻效应小，分子的平面性较好，共轭效应强，因此，λ_{max}及 ε_{max}都大于顺式异构体。互变异构体中最常见的是某些含氧化合物的酮式与烯醇式异构体之间的互变，这种互变会导致吸收光谱发生变化。此外，紫外可见分光光度法还可以判断某些化合物的构象，如取代基是平伏键还是直立键，及旋光异构体等。

作为一种有效的辅助分析方法，紫外可见光吸收光谱分析可以配合红外光谱法、核磁共振波谱法和质谱法等常用的结构分析法开展定性鉴定和结构分析。单独作为一种分析手段使用时，紫外可见光吸收光谱分析适用于不饱和有机化合物，尤其是共轭体系的鉴定，以此推断未知物的骨架结构。

与红外光谱比较，紫外可见光吸收光谱分析的吸收强度大，而且灵敏度高，测量准确度高于红外，在定量分析上具有优势。已经在很多领域如印染、食品、电化学等得到应用。

紫外可见光吸收光谱定量分析的常见方法很多，如多组分-单组分定量分析、动力学分光光度法、胶束增溶分光光度法、双波长分光光度法、导数分光光度法、示差分光光度法、光度滴定法、力学分光光度法等，在此简单介绍单组分、多组分定量分析。

（1）单组分的定量分析。

如果在一个试样中只要测定一种组分，且在选定的测量波长下，试样中其他组分对该组分不干扰，那么进行单组分的定量分析较为简单。一般有标准对照法和标准曲线法两种。有时还可以采用标准加入法，做法与原子吸收光谱法相同。

① 标准曲线法。

先配制一系列已知浓度的标准溶液，在 λ_{max}处分别测得标准溶液的吸光度，然后以吸光度为纵坐标，标准溶液的浓度为横坐标作图，得 A-c 的校正曲线，在相同条件下测出未知试样的吸光度，就可以从标准曲线上查出未知试样的浓度。

② 标准对照法。

在相同条件下配制样品溶液和标准溶液，在相同条件下分别测定吸光度 A_x和 A_s，然后进行比较，利用式（9-20），求出样品溶液中待测组分的浓度。

$$c_x = A_x \frac{c_s}{A_s} \tag{9-20}$$

使用这种方法的要求：c_x和 c_s应接近，且符合光吸收定律。因此，比较法只适用于个别样品的测定。

（2）多组分的定量分析。

多组分最大的特点是吸收峰可能会发生重叠。典型的吸收峰重叠如图 9-8 所示。在这种情况下，利用吸光度具有加和性这一特点，可以采用联立方程组的方法，计算开展多组分的定量分析。

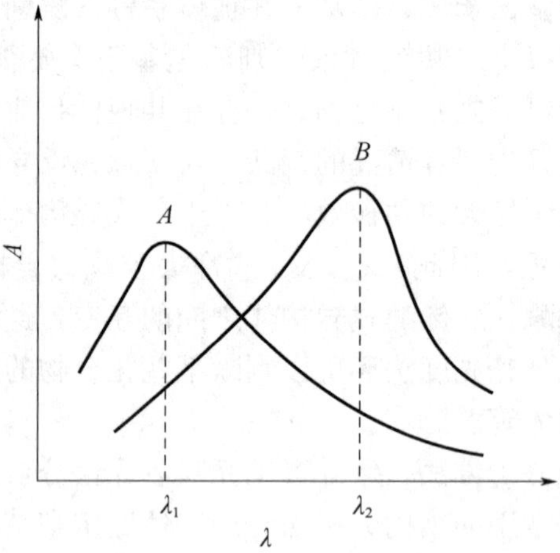

图 9-8　混合物中相互重叠的紫外吸收光谱

具体方法是：在 A 和 B 最大吸收波长 λ_1 及 λ_2 处分别测定混合物的总吸光度 $A_{\lambda 1}$ 和 $A_{\lambda 2}$，然后通过解下列二元一次方程组，求得各组分浓度

$$A_{\lambda 1} = \varepsilon_{\lambda 1}^{A} I_{c^{A}} + \varepsilon_{\lambda 1}^{B} I_{c^{B}} \tag{9-21}$$

$$A_{\lambda 2} = \varepsilon_{\lambda 2}^{A} I_{c^{A}} + \varepsilon_{\lambda 2}^{B} I_{c^{B}} \tag{9-22}$$

上两式中仅 c^A 和 c^B 为未知数，解方程可以求出 c^A 和 c^B。如果有 n 个组分的吸收曲线相互重叠，就必须在 n 个波长处测定其吸光度的加合值，然后解 n 元一次方程组，才能分别求得各组分含量。除用上述解联立方程式的方法测定外，对于吸收光谱相互重叠的多组分混合物，还可利用双波长分光光度法进行定量分析，原理如图 9-9 所示。如要测定 b 含量，选择它的最大吸收波长 λ_2 为测定波长，而参比波长的选择应考虑能消除干扰物质的吸收，就是使组分 a 在 λ_1 处的吸光度等于它在 λ_2 处的吸光度，即选择 λ_2 为参比波长：

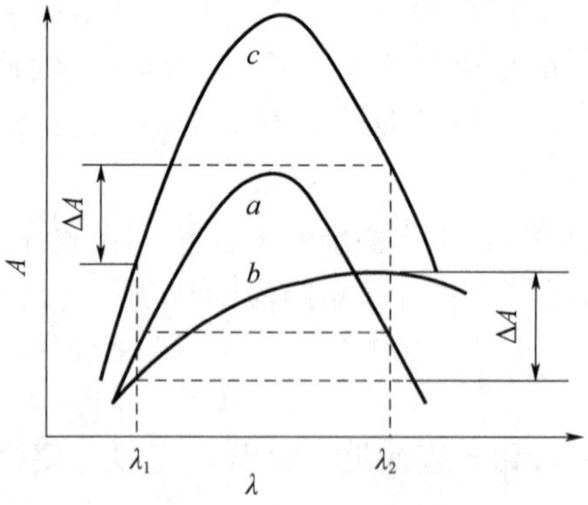

图 9-9　双波长法示意图

$$A_{\lambda 1}^{a} = A_{\lambda 2}^{b} \tag{9-23}$$

利用吸光度的加合性，混合物在 λ_1、λ_2 处的吸光度分别为

$$A_{\lambda 1}{}^{a+b} = A_{\lambda 1}^{a} + A_{\lambda 1}^{b} \tag{9-24}$$

$$A_{\lambda 2}{}^{a+b} = A_{\lambda 2}^{a} + A_{\lambda 2}^{b} \tag{9-25}$$

由双波长分光光度计测得

$$\Delta A = A_{\lambda 1}^{a+b} - A_{\lambda 2}^{a+b} \tag{9-26}$$

从而有

$$\Delta A = A_{\lambda 1}^{b} - A_{\lambda 2}^{a} = (\varepsilon_{\lambda 1}^{a} - \varepsilon_{\lambda 2}^{a}) b c^{a} \tag{9-27}$$

式中，$\varepsilon_{\lambda 1}^{a}$、$\varepsilon_{\lambda 2}^{a}$ 可由选择的标准溶液在 λ_1、λ_2 处的吸光度求得，进而可以求取组分 a 和 b 的浓度。

红外光谱是分子能选择性吸收某些波长的红外线，紫外吸收光谱是利用物质的分子或离子对紫外和可见光的吸收所产生的，两者均为分子光谱，通过电子跃迁实现的，但是两者也存在明显区别，主要如下：

（1）两者吸收波长不一样。红外吸收光谱法中，样品吸收的是红外波段的电磁辐射；紫外可见光谱法中，样品吸收的是紫外-可见波段的电磁辐射。

（2）仪器原理有区别。红外光谱法应用的是傅里叶变换红外光谱，红外光经过迈克尔逊干涉仪发生干涉后照射样品，采集到样品的干涉图再经过傅里叶变换得到样品的光谱；而紫外-可见吸收光谱是用双光路分别检测样品和参比的透过光强，然后通过做差得到的样品光谱。

（3）光谱反映的意义不同。红外吸收光谱能给出样品分子的振-转结构信息，可以用于鉴定分子结构；紫外-可见光谱给出的是分子的电子态跃迁信息，主要用于确定分子的激发性质。

但是值得一提的是，只根据紫外光谱不能完全确定物质的分子结构，还必须与红外吸收光谱、核磁共振波谱、质谱以及其他化学、物理方法共同配合才能得出可靠的结论。

9.4　拉曼光谱仪

1. 拉曼光谱分析原理

当单色光入射到介质上时，除了被介质吸收、反射和透射外，总会有一部分被散射。按散射光相对于入射光波数的改变情况，可将散射光分为三类：第一类，其波数基本不变或变化小于 $10^{-5}\mathrm{cm}^{-1}$，称为瑞利散射；第二类，其波数变化大约为 $0.1\mathrm{cm}^{-1}$，称为布利渊散射；第三类的波数变化大于 $1\mathrm{cm}^{-1}$ 的散射，称为拉曼散射。从散射光的强度来看，瑞利散射最强，拉曼散射最弱。所以，所谓的拉曼散射实质是指一定频率的激光照射到样品表面时，物质中的分子吸收了部分能量，发生不同方式和程度的振动（如原子的摆动和扭动，化学键的摆动和振动），然后散射出较低频率的光。拉曼散射共分为两类：一类是共振拉曼散射，即当一个化合物被入射光激发，激发线的频率处于该化合物的电子吸收谱带以内时，由于电子跃迁和分子振动的耦合，使某些拉曼谱线的强度

陡然增加，这个效应称为共振拉曼散射；另一类是表面增强拉曼散射，即当一些分子被吸附到某些粗糙的金属，如金、银或铜的表面时，它们的拉曼谱线强度会得到极大地增强，这种不寻常的拉曼散射增强现象称为表面增强拉曼散射效应。

从经典物理学理论角度，拉曼散射与入射光的电磁波导致的原子或分子电极化有关。以经典理论解释拉曼散射时，认为分子以固有频率振动，极化率也以此固有频率为频率做周期性变化，在具有一定频率的入射光作用下，分子的固有频率与入射光频率两种频率的耦合产生了三种频率：v_0（瑞利散射光）、v_0+v_i和v_0-v_i（拉曼散射谱线），其中v_0为分子的固有频率，v_i为入射光频率。在量子理论中，把拉曼散射可以看作是光量子与分子相碰撞时产生的非弹性碰撞过程。

在非弹性碰撞过程中，光量子与分子有能量交换，能量交换有两种方式：①光量子转移一部分能量给散射分子，此时光量子能量减低；②光量子从散射分子中吸收一部分能量，此时光量子能量增加。不管光量子能量增加还是减低，光量子的频率均会改变，而且，光量子取自或给予散射分子的能量，也就是增加的或者减少的能量只能是散射分子两定态之间的差值：

$$\Delta E = E_1 - E_2$$

如果光量子把一部分能量交给散射分子时，光量子能量降低，将以较小的频率被散射出去，此时形成频率较低的光，称为斯托克斯线。散射分子从光量子接受的能量转变成散射分子的振动或转动能量，从而处于激发态，而光量子因失去能量频率发生改变，这时的光量子的频率为$v' = v_0 - \Delta v$。

如果当分子已经处于振动或转动的激发态时，光量子从散射分子中取得了能量Δe，能量增高，导致光量子频率改变，这时的光量子的频率为$v' = v_0 + \Delta v$。当光量子以较大的频率散射时，形成频率较高的光，称为反斯托克斯线，如图 9-10 所示。如果考虑更多的能级上分子的散射，则可产生更多的斯托克斯线。

斯托克斯线和反斯托克斯线通称为拉曼线，其频率常表示为$v_0 \pm \Delta v$，其中Δv为拉曼频移，它与激发线的频率无关，以任何频率激发这种物质，拉曼线均能伴随出现。因此，通过拉曼频移，就可以鉴别拉曼散射样品池所包含的物质。拉曼光谱分析技术是以拉曼效应为基础建立起来的分子结构表征技术，其信号来源于分子的振动和转动。激光拉曼光谱与傅里叶变换红外光谱相配合，已成为分子结构研究的主要手段。

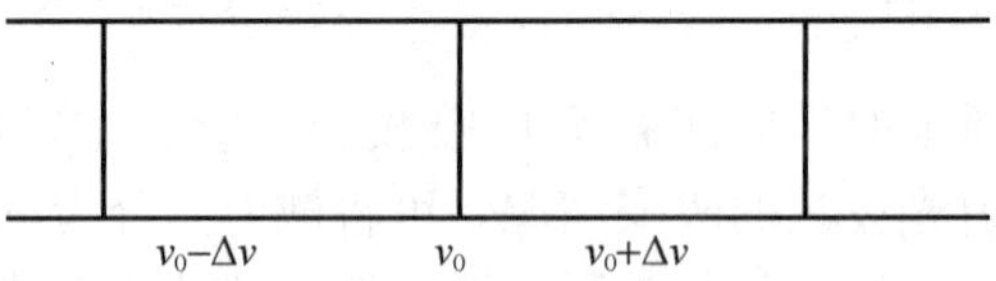

图 9-10　拉曼光谱示意图

2. 激光拉曼光谱的结构

激光拉曼光谱仪的实验装置主要由激光光源系统、样品装置、散射光收集和分光系统、检测和记录系统等部分组成。拉曼光谱仪的激光光源一般需要满足以下要求：单线输出功率为 10～100mW；功率稳定性好，变动不大于 1%；寿命在 1000h 以上。

在激光光源系统中，除激光器外，还有透镜和反射镜等。激光器主要用于产生激光，一般采用连续式的气体激光器，如 He-Ne 激光器（波长 6328nm）、Ar 离子激光器（波长 514.5nm）以及 Kr 离子激光器等。透镜的作用是将激光束聚焦于样品上，反射镜则将透射过样品的光再反射回样品，以提高对光束能量的利用，增强信号强度。样品装置部分是用来放置测试样品，因此，其设计要确保光源最有效地照射样品和聚焦散射辐射，即保证使照明最有效和杂散光最少，尤其要避免入射激光进入光谱仪的入射狭缝。散射光收集主要是尽可能地获得大的拉曼散射信号，提高对散射光的收集率。分光系统一般采用光栅单色仪，主要目的是抑制杂散光，因此，对单色仪的要求是既要有高光谱纯度，又要有优良的抑散能力。检测和记录系统主要用于检测和记录信号。对于落在可见光区的拉曼散射光，采用光电倍增管作为检测器，光电倍增管接受的是单通道。较弱的拉曼信号可用光子计数器检测，然后用记录仪或计算机接口软件画出图谱。

3. 实验设备及步骤

拉曼光谱仪经过多年发展，型号众多，近几年 micro-Raman 拉曼光谱仪比较普及。拉曼光谱仪的一般操作步骤如下：

1）仪器调试。

（1）激光器预热。调节激光管，转向棱镜上的调节螺丝，使激光束通过小孔光阑并处于铅垂位置。

（2）安装集光镜和聚焦透镜，调节集光镜支架上的调节螺丝、支架固定螺钉和集光镜调焦圈环，使激光束成像在单色仪入射狭缝上，完成光路初调。如果计算机具备自动调节功能，则先通过计算机进行粗调。

（3）选择光电倍增管的高压、线性脉冲放大器放大倍数与脉冲幅度分析器阈值、道宽，使谱线信号与本底背景的比值最大，记录下这些数值。可以先进行粗测观察谱线信号与背景的比值，再进行调节。

2）样品测试。

（1）根据样品的特性（粉末、薄膜、块体等），选择相应的方式将样品固定在样品架上，再放入样品台，调节样品台上的微调螺钉，使聚焦后的激光束照射到样品上。

（2）调节样品台和聚光透镜的上下、左右调节微调部件，使聚焦后的光束最细的部位位于集光镜和单色仪的光轴上。

（3）反复调节集光镜前后、左右的位置，使样品被照明部分通过集光镜清晰地成像于单色仪狭缝上。

（4）调节偏振旋转器，使激光的振动极大值方向与单色仪光轴方向一致，样品在狭缝的像亮度最大。

（5）将单色仪转到 6519Å 附近，入射狭缝开在 250～300μm，以后逐步关小至 100～150μm。

（6）开启高压电源（负极性），此时应有强拉曼谱线的峰，调节集光镜架上的微调螺钉使集焦在单色仪入射狭缝的像对称分布。

（7）分别测试不同材料的拉曼光谱，初步探讨不同结构对材料拉曼光谱的影响。

实验一　紫外可见光吸收光谱实验

[实验目的]

（1）掌握紫外可见光吸收光谱仪结构和基本原理。

（2）掌握紫外可见光吸收光谱仪的使用方法。

（3）掌握紫外可见光吸收光谱测试数据分析方法和程序。

[实验器材]

紫外可见光吸收光谱仪及其相关附件，如岛津 UV-2550 紫外可见光分光光度计，实验测试样品。

[实验步骤]

1. 开机

打开紫外可见光分光光度计开关→打开计算机→软件→连接→M（光谱方法）。

2. 调节实验参数

参考实验参数，包括波长、扫描速度、采样间隔等。对于液态样品，如甲基紫，其参考参数：波长范围 700～365nm；扫描速度高速；采样间隔 0.5nm。

3. 校准基线

如果是液态测试样品，可以采用水作为参考物质，放到比色槽中，单击“基线”键，进行基线校准。

4. 测定试样

将试样放到比色槽中，单击“开始”键，进行扫描，并保存。

[实验记录与报告]

（1）简要说明紫外可见光吸收光谱仪结构和基本原理。

（2）记录和分析实验测得的数据，撰写紫外可见光吸收光谱仪的使用方法。

（3）分析实验测试结果，并说明其理论依据。

（4）明确紫外可见光吸收光谱和其他分子光谱之间关系。

[实验原理及其方法]

实验原理详细见本章的正文讲解部分，下面结合实验数据说明定性分析方法。假定测试样品是液态，需要定性确定其浓度。具体步骤和方法：采用水作基准，其步骤是首先配置不同浓度的系列样品溶液，然后通过光度计测得这些溶液的吸光度和波长曲线，通过曲线获得在不同溶液浓度条件下的最大吸光度和对应的波长，绘制系列函数点，然后针对函数点进行拟合，得到 $Y=kX$ 曲线，其中 Y 为最大吸光度，X 为浓度，然后将已知的吸光度代入，可以求得对应的浓度。关于化合物的定性分析，可以在测量曲线基础上，依据表 9-1 对其主要键合进行结构定性分析。

表 9-1　紫外可见光吸收过程中的分子中外层价电子跃迁

吸收带	特征	典型基团
$\sigma \to \sigma^*$	主要发生在远紫外区	C—C、C—H（在紫外光区观测不到）
$n \to \sigma^*$	跃迁一般发生在 150～250nm，因此在紫外区不易观察到	—OH、—NH_2、—X、—S
$\pi \to \pi^*$	跃迁吸收带波长较长，孤立跃迁一般发生在 200nm 左右	芳香环
$n \to \pi^*$	跃迁一般发生在近紫外区（200～400nm）	C=O、C=S、—N=O、—N=N—、C=N

实验二　拉曼光谱实验

[实验目的]

（1）掌握拉曼光谱仪结构和基本原理。

（2）掌握拉曼光谱仪的使用方法。

（3）掌握紫外可见光吸收光谱测试数据分析方法和程序。

[实验器材]

激光拉曼光谱仪及其相关附件、实验测试样品。

[实验步骤]

（1）样品制备。

如果样品是液体，将测定液体放入玻璃瓶；如果样品是固体，直接放入样品台垫上。

（2）启动光谱仪。

打开计算机，启动应用软件；同时打开激光器，进行预热。

（3）设定实验参数。

根据测试需要，确定相关实验参数，如输入激光的波长、积分时间和平均参数、激光功率等。

（4）扫描数据获得采集信息。

（5）存储数据和在线或者离线分析数据。

[实验记录与报告]

（1）简要说明激光拉曼光谱仪结构和基本原理。

（2）记录和分析实验测得的数据，简述激光拉曼光谱仪的使用方法及其注意事项。

（3）分析实验测试结果，并说明其理论依据。

（4）明确激光拉曼光谱分析和 XRD 衍射技术的关系。

[实验原理]

(1) 经典物理学原理。

样品分子被入射光照射时，光电场使分子中的电荷分布周期性变化，产生一个交变的分子偶极矩。偶极矩随时间变化二次辐射电磁波即形成光散射现象。在入射光作用下分子被诱导成为一个偶极矩，在入射光场不太强的情况下，感应电偶极矩 P 与入射光场 E 之间呈现线性关系

$$P=\alpha E$$

α 称为分子极化率。在 P 和 E 不在同一方向的情况下 α 是一个 3×3 的对称矩阵，即 $a_{ij}=a_{ji}$。

如果分子中原子处于平衡位置附近振动，则分子的极化率将会发生改变。如果认为分子极化率 α 由于各原子间的振动而与振动有关，则它应由两部分组成：一部分是一个常数 α_0，另一部分是以各种简正频率为代表的分子振动对 α 贡献的总和，这些简正频率的贡献应随时间做周期性变化，所以

$$\alpha=\alpha_0+\sum\alpha_n\cos2\pi v_n t$$

式中，α_n 表示第 n 个简正振动频率，可以是分子的振动频率或转动频率，也可以是晶体中晶格的振动频率或固体中声子散射频率。当振动幅度不大时，可以使用简谐振动来近似。分子第 k 个简正坐标可表示为：

$$Q_k=Q_{k0}\cos\ (\omega_k+\varphi_k)$$

此时 a_{ij} 将受到分子振动的微扰，它可用对简正坐标进行泰勒展开：

$$a_{ij}=(a_{ij})_0+\sum_k\left(\frac{\partial a_{ij}}{\partial Q_k}\right)_0 Q_k+\frac{1}{2}\sum_{k,l}\left(\frac{\partial^2 a_{ij}}{\partial Q_k\,\partial Q_l}\right)_0 Q_k Q_l+\cdots$$

同分子中某个振动模式中电极化率的变化是与拉曼光谱相连的，如果入射光场为：

$$E=E_0\cos(\omega_0 t)$$

此时，对分子产生的电偶极矩为

$$P=a_{ij}E$$

(2) 量子解说原理。

依据量子散射理论，光量子与分子的非弹性碰撞过程用薛定谔方程描述

$$ih\frac{\partial\psi}{\partial t}=(H_0+H')\psi \tag{1}$$

式中，H_0 为光子和分子不存在相互作用时的哈密顿算符；H' 为光子与散射分子体系相互作用算符（微扰）；ψ 为有微扰存在时系统的波函数。设非微扰时光子-分子体系的本征函数为 Ψ_x，则有微扰时的本征函数可表述为

$$\Psi=\sum_x a_x(t)\phi_n m\,\mathrm{e}^{-iE_n t/h} \tag{2}$$

a_n (t) 是时刻为 t 时此微扰体系处于第 n 个非微扰本征态 ϕ_x 的概率振幅。式 (2) 代入式 (1) 两边同乘以 $\phi_m^*\mathrm{e}^{iEt/h}$ 并对所有变量积分得

$$(n\mid H'\mid m)=\int\phi_x^* H'\phi_m\mathrm{d}\tau \tag{3}$$

后式是非微扰本征函数所确定的相互作用能量算符的矩阵元，E_n、E_m 是非微扰本征状

态的本征值，即分子体系本征能量与光子能量之和。因此体系处于初态（a）、中间态（b）和终态（c）的概率振幅的导数为

$$\alpha_a(t) = \frac{i}{h}\langle b \mid H' \mid \alpha\rangle\alpha_a(t)e^{i(E_b-E_a)t/k} \tag{4}$$

初始时 $\alpha_a(0)=1$，$\alpha_c(0)=0$，设时间范围足够短，$\alpha_a(t)$ 概率状态不发生明显变化，即

$$\alpha_a(t) = \alpha_a(0) = 1$$

则由式（4）中第二项得

$$\alpha_b(t) = \frac{\langle b \mid H' \mid \alpha\rangle}{E_a - E_b}e^{i(E_b-E_a)t/k}$$

代入（4）第三项得

$$\alpha_c(t) =-\frac{i}{h}\sum\frac{\langle c \mid H' \mid b\rangle\langle b \mid H' \mid \alpha\rangle}{E_\alpha - E_b}e^{i(E_c-E_o)t/k}$$

上式对时间积分并代入初始条件[$\alpha_a(0)=1,\alpha_c(0)=0$]得

$$\mid \alpha_c(t) \mid^2 = 2 \mid K_{\alpha\alpha} \mid^2 \cdot \frac{1-\cos(E_c-E_\alpha)t/h}{(E_\alpha-E_c)^2}$$

$$K_{\alpha\alpha} = \sum_b \frac{(c \mid H' \mid b)(b \mid H' \mid \alpha)}{E_\alpha - E_b}$$

所考虑的时间内 α_a（t）变化很少，但远大于光波的振动周期，$t\gg h/E_c$，$t\gg h/E_a$，即 $t\to\infty$，因为

$$\lim_{t\to\infty}\frac{1-\cos(E_c-E_\alpha)t/h}{(E_\alpha-E_c)^2} = \frac{\pi}{h}t\delta(E_c-E_\alpha)$$

所以，单位时间内系统由本征状态 a 到本征状态 c 的跃迁概率：

$$\omega_{\alpha\alpha} = \mid \alpha_c(t) \mid^2/t = \mid K_{\alpha\alpha} \mid^2 \cdot \frac{2\pi}{h}\delta(E_c-E_\alpha)$$

只有当 $E_c=E_a$时上式不为零。设散射前后分子的能量分别为 ε_a 和 ε_c，入射光子和散射光子的能量分别为 $h\nu_0$ 和 $h\nu$，$E_c=\varepsilon_c+h\nu$，$E_a=\varepsilon_a+h\nu_0$，由 $E_c=E_a$ 得

$$h\Delta v = h(v-v_0) = \varepsilon_a - \varepsilon_c$$

当 $\varepsilon_a>\varepsilon_c$ 时，$v=v_0+\Delta v$，反斯托克斯线；$\varepsilon_a>\varepsilon_c$ 时，$v=v_0+\Delta v$，斯托克斯线。因为粒子数分布 $N\propto e^{-z/kz}$，即低能级分子数多，所以从低能级向高能级跃的斯托克斯谱线的强度高于反斯托克斯线的强度。

实验三　红外吸收光谱实验

[实验目的]

（1）掌握红外吸收光谱仪结构和基本原理。

（2）掌握红外吸收光谱仪的使用方法。

（3）掌握红外吸收光谱测试数据分析方法和程序。

[实验器材]

红外光谱仪及其相关附件，如尼高力 6700 型红外光谱仪和实验测试样品。针对液

体样品、固体样品分别有液膜法、溶液法和压片法、薄膜法。针对气体样品也有专门的处理方法。详细制备方法详见本章正文理论介绍。

[实验步骤]

（1）样品制备。

按照前述样品制备方法制备样品，如 KBr 压片，可以把分析纯的溴化钾和聚合物在研钵中研细，把混合研好的粉末适量放在专用模具上，在油压机上压片成型，压力为 30MPa 左右，时间为 1min；要求压片不可以太厚。

（2）红外光谱测量。

先用光谱仪做空白试验，测到的是 CO_2 的红光谱，再将压好的压片放在红外光谱测量仪中，再测量，得到已经减去空白试验的聚合物的红外光谱图，并进行修正。

（3）用 origin 作图，分析图谱。

[实验记录与报告]

（1）简要说明红外光谱仪结构和基本原理。

（2）记录和分析实验测得的数据，撰写红外吸收光谱仪的使用方法。

（3）分析实验测试结果，并说明其理论依据。

（4）明确红外吸收光谱和其他分子光谱之间的关系。

[实验原理及其方法]

分子吸收红外光引起的振动能级跃迁和转动能级跃迁而产生的吸收信号称为红外光谱。按照分子发生振动能级跃迁需要的能量对应光波的红外区域分类为：①近红外区：13300～4000cm^{-1}；②中红外区：4000～400cm^{-1}，此区域最为常用，大多数化合物的化学键振动能级的跃迁发生在这一区域；③远红外区：400～10cm^{-1}。

产生红外吸收光谱需要满足两个条件：首先，需要分子振动，只有在分子振动过程中产生偶极矩变化时，才能吸收红外辐射。其次，只有当红外线的能量恰好等于激发某一化学键从基态跃迁到激发态的某种振动能级所需要的能量时，这样的红外线才能被样品吸收。这里的分子振动是指理想状态模型条件下的双原子分子的振动以及依据键长和键角变化的多原子分子的振动。

红外光谱所研究的是分子中原子的相对振动，也可归结为化学键的振动。不同的化学键或官能团，其振动能级从基态跃迁到激发态所需要的能量不同，因此要吸收不同的红外光。物体吸收不同的红外光，将在不同波长上出现吸收峰。红外光谱就是这样形成的。典型的红外光谱示意图如图 9-11 所示。

*一些简单官能团的特征峰：

（1）烷烃：C—H 伸缩振动（3000～2850cm^{-1}）；C—H 弯曲振动（1465～1340cm^{-1}）；一般饱和烃 C—H 伸缩均在 3000cm^{-1}以下，接近 3000cm^{-1}的频率吸收。

（2）烯烃：烯烃 C—H 伸缩（3100～3010cm^{-1}）；C=C 伸缩（1675～1640cm^{-1}）；烯烃 C—H 面外弯曲振动（1000～675cm^{-1}）。

（3）芳烃：3100～3000cm^{-1}芳环上 C—H 伸缩振动；1600～1450cm^{-1} C=C 骨架振

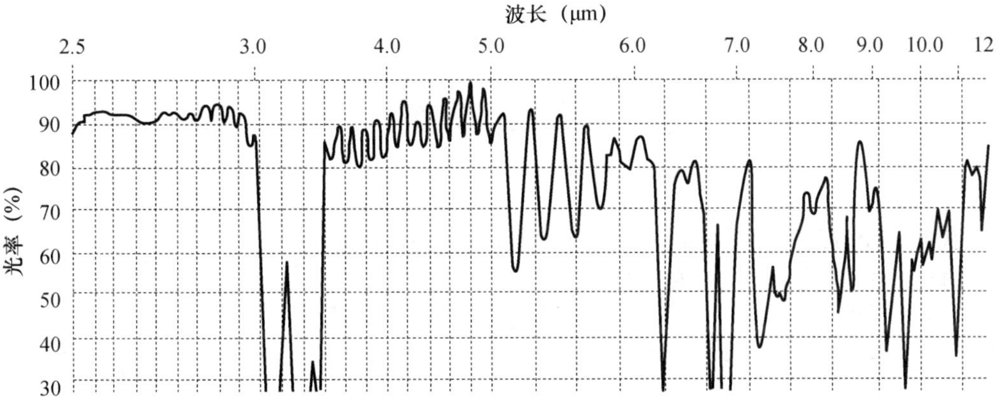

图 9-11　典型的红外光谱

注：横坐标为波数（cm^{-1}，最常见）或波长（μm），纵坐标为透光率或吸光度。

动；880～680cm^{-1} C—H 面外弯曲振动。

（4）芳香化合物重要特征：一般在 1600、1580、1500 和 1450cm^{-1}可能出现强度不等的 4 个峰。880～680cm^{-1}，C—H 面外弯曲振动吸收，依苯环上取代基个数和位置不同而发生变化，在芳香化合物红外谱图分析中，常常用此频区的吸收来判别异构体。

（5）醇和酚：主要特征吸收是 O—H 和 C—O 的伸缩振动吸收。

自由羟基 O—H 的伸缩振动：3650～3600cm^{-1}，为尖锐的吸收峰。分子间氢键 O—H 伸缩振动：3500～3200cm^{-1}，为宽的吸收峰；C—O 伸缩振动：1300～1000cm^{-1}；O—H 面外弯曲：769～659cm^{-1}。

本章实验习题

（1）请设计实验和观察流程，选择合适材料，采用拉曼技术，测试材料相结构和组成，分析其峰位对应的振动，同时对比 XRD 技术，说明两者的区别与联系。

（2）请设计实验和观察流程，选择化学方法合成无机陶瓷粉体，采用红外技术，分析在粉体合成过程，合成前驱体中有机成分随煅烧温度的变化以及相关的晶化过程。

（3）针对红外测试的制样，请思考分析：①用压片法制样时，为什么要求研磨到颗粒度在 2μm 左右？②如果研磨时不在红外灯下操作，谱图上会出现什么情况？③液体测量时，为什么低沸点的样品要求采用液体池法？④对于小的高聚物材料，很难研磨成细小的颗粒，采用什么制样方法比较好？

（4）请设计实验和观察流程，选择合适的高分子材料，采用红外技术，分析高聚物样品的结晶度、取向度以及可能的结晶动力学。

参考文献

［1］邢其毅．基础有机化学［M］．北京：高等教育出版社，2007.

［2］恽魁宏．有机化学［M］．2版．北京：高等教育出版社，1982.

［3］徐家文．材料基础实验教程［M］．哈尔滨：哈尔滨工业大学出版社，2011.

［4］廖晓玲．材料现代测试技术［M］．北京：冶金工业出版社，2013.

［5］王海燕，李相银．大学物理实验［M］．北京：高等教育出版社，2017.

［6］MORRIS A S，LANGARI R. Measurement and Instrumentation-Theory and Application［M］．the United States of America：Joe Hayton，2016.

［7］孙建之，董岩，王敦青．材料合成制备实验［M］．北京：化学工业出版社，2013.

［8］王富耻．材料现代分析测试方法［M］．北京：北京理工大学出版社，2013.

［9］潘春旭．材料物理与化学实验教程［M］．长沙：中南大学出版社，2008.

［10］刘渊．误差理论与数据处理［D］．大连：大连理工大学，2008.

［11］常铁军，材料近代分析测试方法［M］．哈尔滨：哈尔滨工业大学出版社，2002.

［12］任颂赞，叶俭，陈德华．金相分析原理及技术［M］．上海：上海科学技术文献出版社，2013.

［13］宋晓岚，金胜明，卢清华．无机材料专业实验［M］．北京：冶金工业出版社，2013.

［14］赵玉珍．材料科学基础精选实验教程［M］．北京：清华大学出版社，2018.

［15］赵峰．金属材料检测技术［M］．长沙：中南大学出版社，2010.

［16］洪班德，崔约贤．材料电子显微分析实验技术［M］．哈尔滨：哈尔滨工业大学出版社，1990.

［17］杨平．电子背散射衍射技术及其应用［M］．北京：冶金工业出版社，2013.

［18］REED S J B. Electron Microprobe Analysis［M］．London：Cambridge University Press，1975.

［19］潘清林，孙建林．材料科学与工程实验教程-金属材料分册［M］．北京：冶金工业出版社，2011.

［20］李兰．微机化差热测试和交流阻抗谱解析的研究［D］．重庆：重庆大学，2006.

［21］何崇智，等．X射线衍射实验技术［M］．上海：上海科学技术出版社，1988.

［22］周玉，等．材料分析测试技术［M］．哈尔滨：哈尔滨工业大学出版社，2003.

［23］田志宏．X射线衍射技术在材料分析中的应用［J］．工程与实验，2009，49（3）：40-43.

［24］焦淑静．离子减薄仪技术改进及功能开发［J］．应用物理，2018，8（5）：234-239.

［25］徐颖，张勇．测量玻璃化转变温度的几种热分析技术［J］．分析仪器，2010（3）：57-60.

［26］张静，罗健明．静态热机械分析仪校准方法研究［J］．计量技术，2019（7）：38-41.

［27］曹海华．紫外光谱在化合物结构分析中的应用［J］．内蒙古石油化工，2013（8）：34-36.

［28］蓝军．设计性实验方案的设计初探［J］．乐山师范学院学报，2006（21）：39-41.

［29］林天辉．电子探针的基本原理和应用［J］．上海钢研，1984（3）：18-23.

［30］李波，高锦红，许祖昊，等．热分析法在材料分析中的应用新进展［J］．分析仪器，2018：77-81.

［31］吴淑荣，熊为森．热分析基本知识讲座［J］．应用化工，1981：38-46.

［32］林立芬，肖化，吴先球．肖维勒准则和格拉布斯准则的比较［J］．大学物理实验，2012，25（6）：86-88.

［33］余海伟．40Cr钢低周疲劳损伤的内耗变化及其寿命估测［D］．广西：广西大学，2017.